第一推动丛书: 物理系列
The Physics Series

时间、空间和万物
Time, Space and Things

[英] B. K. 里德雷 著 李泳 译
B. K. Ridley

THE FIRST MOVER

CTS K 湖南科学技术出版社

图书在版编目（CIP）数据

时间、空间和万物 /（英）B. K. 里德雷著；李泳译．— 长沙：湖南科学技术出版社，2018.1
（2025.1 重印）
（第一推动丛书．物理系列）
ISBN 978-7-5357-9508-3
Ⅰ．①时… Ⅱ．① B… ②李… Ⅲ．①物理学—普及读物 Ⅳ．① O4-49
中国版本图书馆 CIP 数据核字（2017）第 223916 号

湖南科学技术出版社通过英国剑桥大学出版社独家获得本书中文简体版中国大陆出版发行权。本书根据剑桥大学出版社 1995 年版本译出。
著作权合同登记号 18-2006-116

SHIJIAN KONGJIAN HE WANWU
时间、空间和万物

著者
[美] B. K. 里德雷
译者
李泳
出版人
潘晓山
责任编辑
吴炜 陈刚 戴涛 李蓓
装帧设计
邵年 李叶 李星霖 赵宛青
出版发行
湖南科学技术出版社
社址
长沙市芙蓉中路一段416号泊富国际金融中心
http://www.hnstp.com
湖南科学技术出版社
天猫旗舰店网址
http://hnkjcbs.tmall.com
邮购联系
本社直销科 0731-84375808

印刷
湖南省汇昌印务有限公司
厂址
长沙市望城区丁字湾街道兴城社区
邮编
410299
版次
2018 年 1 月第 1 版
印次
2025 年 1 月第 10 次印刷
开本
880mm × 1230mm 1/32
印张
6.75
字数
143 千字
书号
ISBN 978-7-5357-9508-3
定价
29.00 元

THE
FIRST
MOVER

总序

《第一推动丛书》编委会

科学，特别是自然科学，最重要的目标之一，就是追寻科学本身的原动力，或曰追寻其第一推动。同时，科学的这种追求精神本身，又成为社会发展和人类进步的一种最基本的推动。

科学总是寻求发现和了解客观世界的新现象，研究和掌握新规律，总是在不懈地追求真理。科学是认真的、严谨的、实事求是的，同时，科学又是创造的。科学的最基本态度之一就是疑问，科学的最基本精神之一就是批判。

的确，科学活动，特别是自然科学活动，比起其他的人类活动来，其最基本特征就是不断进步。哪怕在其他方面倒退的时候，科学却总是进步着，即使是缓慢而艰难的进步。这表明，自然科学活动中包含着人类的最进步因素。

正是在这个意义上，科学堪称为人类进步的“第一推动”。

科学教育，特别是自然科学的教育，是提高人们素质的重要因素，是现代教育的一个核心。科学教育不仅使人获得生活和工作所需的知识和技能，更重要的是使人获得科学思想、科学精神、科学态度以及科学方法的熏陶和培养，使人获得非生物本能的智慧，获得非与生俱来的灵魂。可以这样说，没有科学的“教育”，只是培养信仰，而不是教育。没有受过科学教育的人，只能称为受过训练，而非受过教育。

正是在这个意义上，科学堪称为使人进化为现代人的“第一推动”。

近百年来，无数仁人志士意识到，强国富民再造中国离不开科学技术，他们为摆脱愚昧与无知做了艰苦卓绝的奋斗。中国的科学先贤们代代相传，不遗余力地为中国的进步献身于科学启蒙运动，以图完成国人的强国梦。然而可以说，这个目标远未达到。今日的中国需要新的科学启蒙，需要现代科学教育。只有全社会的人具备较高的科学素质，以科学的精神和思想、科学的态度和方法作为探讨和解决各类问题的共同基础和出发点，社会才能更好地向前发展和进步。因此，中国的进步离不开科学，是毋庸置疑的。

正是在这个意义上，似乎可以说，科学已被公认是中国进步所必不可少的推动。

然而，这并不意味着，科学的精神也同样地被公认和接受。虽然，科学已渗透到社会的各个领域和层面，科学的价值和地位也更高了，但是，毋庸讳言，在一定的范围内或某些特定时候，人们只是承认“科学是有用的”，只停留在对科学所带来的结果的接受和承认，而不是对科学的原动力——科学的精神的接受和承认。此种现象的存在也是不能忽视的。

科学的精神之一，是它自身就是自身的“第一推动”。也就是说，科学活动在原则上不隶属于服务于神学，不隶属于服务于儒学，科学活动在原则上也不隶属于服务于任何哲学。科学是超越宗教差别的，超越民族差别的，超越党派差别的，超越文化和地域差别的，科学是普适的、独立的，它自身就是自身的主宰。

湖南科学技术出版社精选了一批关于科学思想和科学精神的世界名著，请有关学者译成中文出版，其目的就是为了传播科学精神和科学思想，特别是自然科学的精神和思想，从而起到倡导科学精神，推动科技发展，对全民进行新的科学启蒙和科学教育的作用，为中国的进步做一点推动。丛书定名为“第一推动”，当然并非说其中每一册都是第一推动，但是可以肯定，蕴含在每一册中的科学的内容、观点、思想和精神，都会使你或多或少地更接近第一推动，或多或少地发现自身如何成为自身的主宰。

出版30年序
苹果与利剑

龚曙光

2022年10月12日

从上次为这套丛书作序到今天，正好五年。

这五年，世界过得艰难而悲催！先是新冠病毒肆虐，后是俄乌冲突爆发，再是核战阴云笼罩……几乎猝不及防，人类沦陷在了接踵而至的灾难中。一方面，面对疫情人们寄望科学救助，结果是呼而未应；一方面，面对战争人们反对科技赋能，结果是拒而不止。科技像一柄利剑，以其造福与为祸的双刃，深深地刺伤了人们安宁平静的生活，以及对于人类文明的信心。

在此时点，我们再谈科学，再谈科普，心情难免忧郁而且纠结。尽管科学伦理是个古老问题，但当她不再是一个学术命题，而是一个生存难题时，我的确做不到无动于衷，漠然置之。欣赏科普的极端智慧和极致想象，如同欣赏那些伟大的思想和不朽的艺术，都需要一种相对安妥宁静的心境。相比于五年前，这种心境无疑已时过境迁。

然而，除了执拗地相信科学能拯救科学并且拯救人类，我们还能有其他的选择吗？我当然知道，科技从来都是一把双刃剑，但我相信，科普却永远是无害的，她就像一只坠落的苹果，一面是极端的智慧，一面是极致的想象。

我很怀念五年前作序时的心情，那是一种对科学的纯净信仰，对科普的纯粹审美。我愿意将这篇序言附录于后，以此纪念这套丛书出版发行的黄金岁月，以此呼唤科学技术和平发展的黄金时代。

出版25年序
一个坠落苹果的两面：
极端智慧与极致想象

龚曙光

2017年9月8日凌晨于抱朴庐

连我们自己也很惊讶，《第一推动丛书》已经出了25年。

或许，因为全神贯注于每一本书的编辑和出版细节，反倒忽视了这套丛书的出版历程，忽视了自己头上的黑发渐染霜雪，忽视了团队编辑的老退新替，忽视了好些早年的读者已经成长为多个领域的栋梁。

对于一套丛书的出版而言，25年的确是一段不短的历程；对于科学研究的进程而言，四分之一个世纪更是一部跨越式的历史。古人“洞中方七日，世上已千秋”的时间感，用来形容人类科学探求的日新月异，倒也恰当和准确。回头看看我们逐年出版的这些科普著作，许多当年的假设已经被证实，也有一些结论被证伪；许多当年的理论已经被孵化，也有一些发明被淘汰……

无论这些著作阐释的学科和学说属于以上所说的哪种状况，都本质地呈现了科学探索的旨趣与真相：科学永远是一个求真的过程，所谓的真理，都只是这一过程中的阶段性成果。论证被想象讪笑，结论被假设挑衅，人类以其最优越的物种秉赋——智慧，让锐利无比的理性之刃，和绚烂无比的想象之花相克相生，相否相成。在形形色色的生活中，似乎没有哪一个领域如同科学探索一样，既是一次次伟大的理性历险，又是一次次极致的感性审美。科学家们穷其毕生所奉献的，不仅仅是我们无法发现的科学结论，还是我们无法展开的绚丽想象。在我们难以感知的极小与极大世界中，没有他们记历这些伟大历险和极致审美的科普著作，我们不但永远无法洞悉我们赖以生存的世界的各种奥秘，无法领略我们难以抵达世界的各种美丽，更无法认知人类在找到真理和遭遇美景时的心路历程。在这个意义上，科普是人类极端智慧和极致审美的结晶，是物种独有的精神文本，是人类任何其他创造——神学、哲学、文学和艺术都无法替代的文明载体。

在神学家给出“我是谁”的结论后，整个人类，不仅仅是科学家，也包括庸常生活中的我们，都企图突破宗教教义的铁窗，自由探求世界的本质。于是，时间、物质和本源，成为了人类共同的终极探寻之地，成为了人类突破慵懒、挣脱琐碎、拒绝因袭的历险之旅。这一旅程中，引领着我们艰难而快乐前行的，是那一代又一代最伟大的科学家。他们是极端的智者和极致的幻想家，是真理的先知和审美的天使。

我曾有幸采访《时间简史》的作者史蒂芬·霍金，他痛苦地斜躺在轮椅上，用特制的语音器和我交谈。聆听着由他按击出的极其单调的金属般的音符，我确信，那个只留下萎缩的躯干和游丝一般生命气息的智者就是先知，就是上帝遣派给人类的孤独使者。倘若不是亲眼所见，你根本无法相信，那些深奥到极致而又浅白到极致，简练到极致而又美丽到极致的天书，竟是他蜷缩在轮椅上，用唯一能够动弹的手指，一个语音一个语音按击出来的。如果不是为了引导人类，你想象不出他人生此行还能有其他的目的。

无怪《时间简史》如此畅销！自出版始，每年都在中文图书的畅销榜上。其实何止《时间简史》，霍金的其他著作，《第一推动丛书》所遴选的其他作者的著作，25年来都在热销。据此我们相信，这些著作不仅属于某一代人，甚至不仅属于20世纪。只要人类仍在为时间、物质乃至本源的命题所困扰，只要人类仍在为求真与审美的本能所驱动，丛书中的著作便是永不过时的启蒙读本，永不熄灭的引领之光。

虽然著作中的某些假说会被否定，某些理论会被超越，但科学家们探求真理的精神，思考宇宙的智慧，感悟时空的审美，必将与日月同辉，成为人类进化中永不腐朽的历史界碑。

因而在25年这一时间节点上，我们合集再版这套丛书，便不只是为了纪念出版行为本身，更多的则是为了彰显这些著作的不朽，为了向新的时代和新的读者告白：21世纪不仅需要科学的功利，还需要科学的审美。

当然，我们深知，并非所有的发现都为人类带来福祉，并非所有的创造都为世界带来安宁。在科学仍在为政治集团和经济集团所利用,甚至垄断的时代，初衷与结果悖反、无辜与有罪并存的科学公案屡见不鲜。对于科学可能带来的负能量，只能由了解科技的公民用群体的意愿抑制和抵消：选择推进人类进化的科学方向，选择造福人类生存的科学发现，是每个现代公民对自己，也是对物种应当肩负的一份责任、应该表达的一种诉求！在这一理解上，我们不但将科普阅读视为一种个人爱好，而且视为一种公共使命！

牛顿站在苹果树下，在苹果坠落的那一刹那，他的顿悟一定不只包含了对于地心引力的推断，也包含了对于苹果与地球、地球与行星、行星与未知宇宙奇妙关系的想象。我相信，那不仅仅是一次枯燥之极的理性推演，也是一次瑰丽之极的感性审美……

如果说，求真与审美是这套丛书难以评估的价值，那么，极端的智慧与极致的想象，就是这套丛书无法穷尽的魅力！

献给

西尔维娅（Sylvia）

第一版序

B. K. 里德雷

1974 年 7 月，Colchester

本书试着用通俗的语言来讨论物理学对宇宙基本结构的看法。它从物理专业里挑选出一些基本的概念，然后用平易的没有数学的语言将它们表达出来。物理学有许多绝妙而稀奇的思想，却总被关在狭小的盒子里，只有握着钥匙的一小伙人才可能走近它们，那不是太可惜了吗？然而，假如谁想把那盒子打开，让思想飘散，摆脱华贵的数学束缚，跳出沉重的历史阴影，那么他也许讨不了任何人的欢喜，有人会说他浅薄，还有人会感到不知所云。不过，尽管心存疑虑，我还是觉得该担起这个责任，因为专业化的东西已经太多，而向大众普及的却少得可怜。

即使身在物理学圈子里的大学生，也往往只看到一棵棵精心栽培的树，很少能发现树外还有森林。他全身心都在热力学、电磁学和量子力学的丛林里穿行，难免会迷失方向；但愿他能跳出那丛林，找回自己的路。正是出于这样一个心愿，我们在埃塞克斯（Essex）大学为大学生们开了门物理学的课，这本书就是从讲课中产生的。通常认为大学生理所当然应该熟悉的许多概念，我们也或多或少从头说起；另外有些只有研究生才会遇到的概念，在我们看来也并不比大家在中学碰到的东西更困难。要说难，那不过是对它们还不够熟悉。如果忽略了这些概念，本书也就谈不上它所企求的鸟瞰物理学了。

我欣赏马克·吐温说过的一句话：

> 科学真是迷人，根据零星的事实，增添一点猜想，就能赢得那么多收获！

我相信，不论是想追求物理宇宙的普通读者，希望成为通才的人文学科的大学生，还是发愿走进物理学的高中生，都能够体验到那迷人的东西。我还相信，这本书对各级物理老师都会有用，而念物理的大学生可以拿它作为了解物理学背景的读物。虽然这么说，我当然明白，写一本让专家和百姓都能读的书有多难。我也同样知道，没有几个科学家干这样的事情。不同学科之间的鸿沟，在今天比以往任何时候都更加宽广。虽然谁也不能更专业到哪儿去，但可能也不会有人来做普及，这实际上是常有的事情。那些沟壑没有什么可爱的，有时甚至还完全是危险的，如果这本小书能多少起到点儿沟通的作用，它也就至少达到了一个目的。

第二版序

B. K. 里德雷

1983 年 7 月，Colchester

本书基本上在讲概念，如果不说科学前沿，它大概是不会很快落伍的。不过，有的概念还是失败了，而时空里生活着的某些精灵，在本书第一版出版后的8年里，却当然地获得了新奇的特征。例如夸克，一个与电子和其他轻子共同扮演着真正的基本角色的伙伴，表现出了令人欣喜的性质，越来越实在了。现在，新的实验发现了长程关联，量子世界更加不平凡了。囊括一切的大统一带来了最深广的思想。同时，与半导体电子学相关的低维物质的研究也在满地开花结果。所有这些（也许还有别的）七彩绚烂的东西都该向大家展示出来。在这第二版里，它们都找到了自己的位置，而书也重写了一点，篇幅也扩充了一些。但书的本色跟过去一样，我希望它还像第一版那样幸运，能得到专家和大众的接受和喜欢。

第三版序

B. K. 里德雷

1994 年 4 月，Thorpe-Le-Soken

在这新的一版里，许多内容没变，而风格更是一点儿没变。不过我还是忍不住借这个机会增加了新的一章（“大白鲨”），增加了一个附录（“自然力的交易”）。[1] 新的一章强调了不太常听人说起的一些现代理论物理学的概念性难题——当然是凭我个人的兴趣。新的附录说得太随便了，有点儿不像话。另外，还简单谈了些最近流行的东西，如弦和混沌；修正了一些印错的数字。总的说来，本书从Aaron Riclley的批评中得到了很大的帮助，我要特别感谢他；我还要感谢Ann Spencer，她为我画了幅可能的“大白鲨”近影的插图，令我很感兴趣。我希望这本书现在也跟以前的版本一样，能令人欣喜地看到非专业的读者都能读下去。

1. 译者觉得把它改作本书的“尾声”更好一些。

目录

第1章
万物

诗人的眼睛那神奇狂放的一转，
从天上看到地下，从地下转回天上；
幻想生成的
未知的事物，在诗人的笔底
显出了模样，空空如也的它们
也获得了名字和地方。

——莎士比亚《仲夏夜之梦》[1]

1 从简单说起

物理学讲的是宇宙间的简单事物。它把复杂的生命和活体留给生物学，也求之不得地将原子间数不清的相互作用方式留给化学去探索。活细胞当然复杂得不能再复杂了，而一样复杂的还有曲面——随便哪种曲面。生物物理或化学物理偶尔会遇到这些问题，但总的说来，它们是很难对付的。细胞和曲面都不是什么简单的东西。

1. 第5幕第一场雅典公爵忒修斯的话。他说："疯子、情人和诗人都是幻想的产儿……诗人的眼睛……"译文参考了朱生豪先生的译本（人民文学出版社，1978）。

可以说，简单的东西根本就不存在。皇后敢向爱丽丝吹嘘，她在早餐前能想出6样不可能的东西，但是她却很难想象6样简单的东西。[1] 让我们来看一个普通的例子，如一块石头，一块能拿得起也放得下的石头，还有什么能比它更简单的东西吗？我们看得见、摸得着、拿得起的东西，都是我们身边的一些实实在在的东西。重要的是要认识它们是怎么运动的——而石头是最简单的子弹。石器时代的军队大概会积极开展某些关于石头弹道曲线的研究，但是物理学家们几乎不会 2
去碰它，除非重金悬赏。石头太复杂了，表面一点儿也不规则。想想看，空气从它粗糙的表面流过，该有多复杂，多混乱。所以，也不可能从石头的特殊现象中找出所有子弹普遍存在的东西。

于是，有人把石头切割成整齐规则的形状——像那5个规则的物体（图1.1）。像四面体或立方体形状的物体，似乎更容易把握，因 3
为它们是高度对称的。我们只需要考虑5种规则形状，这该是多简单呀！[2] 想当然地，这些形状的物体在专门研究简单事物的科学里一定占据着特别重要的地位，但事实并非如此。只有在极少的情况下，规则体的概念才可爱，才有用。开普勒（Kepler）曾以此为基础艰难地构造太阳系的理论。[3] 在结晶学中，立方体的对称性起着特别重要的作用。然而，不论哪种规则形状的物体，在物理学中都没有意义。原因是，规则的固体也有棱角，它们的规则性是相对的。从不同角度看，它们并不相同，有的方向比别的方向“更特殊”。

---

1. 请看第2章标题下引的那段话。
2. 有兴趣的读者可以试着证明，在三维空间里的确只能存在那5种规则的多面体。[证明只需要用点（v）线（e）面（f）关系的欧拉（Euler）定理：$v+f-e=2$，当然还得靠一点数学机智。]
3. 开普勒在1596年出版的第一本书《宇宙的秘密》（*Mysterium Cosmographicum*）中说，宇宙是以柏拉图的这5个规则固体的模式构成的。在他看来，数学的协调是宇宙的基础。

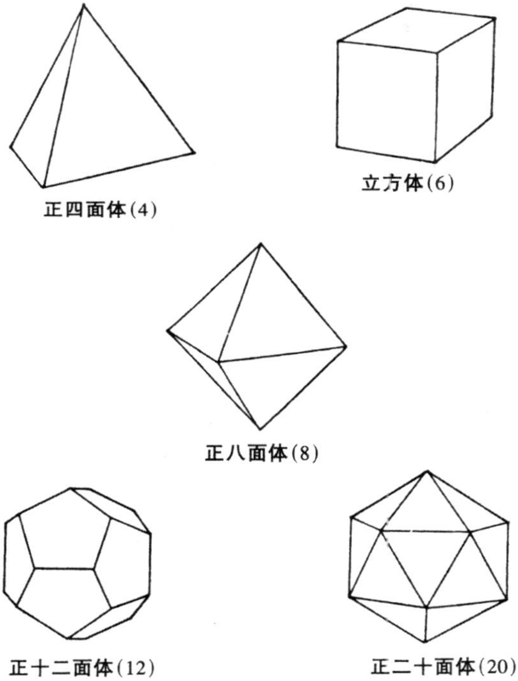

图 1.1　5种规则的固体。每一固体的面数都写在括号里

把那些棱角磨掉，我们就得到一个台球。物理学家那么喜欢台球，天知道！在物理学中，台球是许多事物的原型，从这一点说，我们常说的没有重量的弦也不如它重要。台球从各方面看都是一样的；我们可以将它握在手中，也可以抛向天空，还可以让它摆，让它滚，一切力学定律都可以拿它来考察。石器时代的自然哲学家们一定乐意拿钱来买我们关于球状石头的研究成果。台球虽然诱人，却也不够简单。它的缺陷是那张包在外头的曲面。我们在开头讲过，曲面不是简单的东西。然而，一个物体要与周围区别开来，总会裹张皮的。既然这样，

我们来想象一种无比坚硬、完全光滑、绝对没有结构的东西，让曲面理想地消失。然后，我们用一种无比坚硬的理想弹性材料来做一个绝对均匀的台球。我们将那材料叫“乌托子”（utopium）。[1] 现在，我们有了第一样简单的物理学事物——用乌托子造的台球。

理想化

然而，像这样的东西并不存在。乌托子球完全是理想化的东西，4
一个头脑冷静的人，是不会相信理想的产儿的。从一开始，我们就知道那是假的。严格说来，它本就不可能是真的。所以，让我们快来看看，在特殊情形下，它是怎么错的。概念上的简单有无限的好处。从大处说，乌托子球可以充当某个星系里的一颗在星团周围游荡的恒星，或者一颗绕着太阳旋转的行星；从小处说，它可以是一个原子——一个在晶体晶格里的原子，或者在液体或气体中游荡的原子。给它一个正电荷，它就成了一个质子；给它一个负电荷，它就是电子；如果没有电荷，它就是中子。玻尔讲的原子模型，基本上就是带电的乌托子构成的。它们可以令人满意地解释固体、液体、气体和等离子体的许多性质。一句话，乌托子台球是经典力学的理想的基本粒子。尽管在量子领域，这个概念失败了——电子、质子和中子的行为不像台球——在别的地方，它却是许多物理学的原型。

然而，说到底，它还是一个概念——一个虚构的东西。在真实的世界里，没有这样一个东西在呼唤人们的注意，那不过是个理

---

1. 这个名字当然是从utopiu（乌托邦）衍生来的；-ium是代表元素的词尾。

想。也许，在未来的某一天，会出现一门“乌有乡”物理学（Erewhon Physics，借塞缪尔·巴特勒的名词）[1]，专门研究可能却非真实的宇宙。这门学问正在出现，因为真实宇宙的物理学已经产生了，而人们还在继续追求着。这样一门学问，完全由幻想的事物和一些相容的规则组
5 成，真该算作一个数学的分支。“真”物理学研究那些存在于真实世界里的与幻想无关的事物，但是也会用一些像乌托子球那样的概念，仿佛也成了什么“乌有乡”的（而不是真实世界的）物理学。原因是，那样的东西并不是纯概念的——它们是理想的，因为简单，我们用它来作为认识和摹写真实事物的行为和特征的出发点。根本说来，物理学是制造模型的活动。

既然身在一门关于虚构事物的学问里，我们现在来试着区分什么是物理学的虚构，什么是数学的虚构。乌托子台球是物理学概念，它来自真实的台球，不过将一些真实的性质外推到了理想的尽头，理想与现实的表现只是程度不同，没有类的差别。拿它来同理论家喜欢的另一个物理学原型点粒子相比较，点粒子就是数学概念，因为它与真实粒子不是同一类型的——它没有大小。所以，它比我们的台球更不真实，我们要小心别把它推得太远。基本粒子理论滥用了这个点粒子概念，结果生出许多恼人的无限大的东西。不过，只要粒子的大小或者内部结构无关紧要，点粒子概念还是一个大有作为的工具。

有那么多实实在在的事物等着我们去认识它们，理解它们的性质，

---

1. 巴特勒（Samuel Butler，1835—1902年）最有名的作品当然是半自传体的《众生之路》（*The Way of All Flesh*，1903年），这里说的是他的讽刺小说*Erewhon*（1872年）和《重游*Erewhon*》（1901年）。书名是从Nowhere（即有名的“乌有乡”）变来的。小说讽刺了达尔文的进化论和传统的宗教道德观，实际上宣告维多利亚时代永恒进步的幻想破灭了。

而我们却为什么去关心虚构的东西呢？很遗憾，这是没有办法的事情。世界上的事物那么多，五花八门，杂乱无章，不可胜数，我们不可能一个个去认识，只好依靠高度的抽象。我们能做的，是把它们分成类，然后研究类的行为；我们相信，同一个类里的事物会表现出共同的行
为。这就是从特殊抽象出一般。一切科学都是这样运行的，而抽象是 6
否成功，则要看研究的是什么。方兴未艾的社会学与每一个个人的活动打交道，生物学家也总是小心翼翼地关注着生物个体的行为，尽管还没发现有强烈个性的阿米巴。只有在研究非生命事物时，我们才可能从特殊性中获得成功。不过，这时候需要发明一些概念，如上面讨论的那些；当然，我们相信一时还不会出现真正的电子心理学的研究。

原子

即使如此，非生命事物也各具形态，奇异多变，该如何来处理这样纷纭复杂的状况呢？

一个办法是将我们能切身感受的事物看成我们那个巨大的物体——地球。这样，地球成了物理学的第一样真实的事物。这个庞然大物的结构和组成都惊人的复杂，但它的行为却非常简单，几乎像一个巨大的乌托子球。月亮、太阳和每一颗行星也跟地球一样，是普遍中的一个特例，尽管各自也有独特的地方，占据着不同的研究领域。随着太阳系概念的产生，地球成为众多行星的一颗，而太阳也不过是小地方的一颗恒星，在我们的银河系里，这样的恒星有10^{11}颗，而银河系也只是宇宙间许许多多星系团的一分子。

现在，我们来看物理学中真实的庞然大物——宇宙，它包容一切，是物理学要研究的唯一独特的真实事物；恒星，星系的“原子”；行星，绕着恒星旋转的东西。宇宙、星系、恒星和行星都可以用“齐”性介质来模拟（下面会解释什么东西是“齐”的），也可以当作那无处不在的乌托子球，甚至有时它们还甘愿做一个点粒子。它们是大尺度事物的代表，而尺度太大时，人们往往会忽略细节，但并不总是这样。
7 实际上，恒星的研究正需要对物质结构的详尽认识。所以，我们现在回头来看非生命事物都具有哪些形式。

在这个问题上，化学中*原子*的发现帮了我们的大忙。原子是简单的东西，不过100多种。展现在人们面前的纷纭复杂的事物，都是由原子组成的，或者是同一种原子，或者是几种原子，靠着化学的力量结合在一起。原子太小，不能直接看到（除非你把电子显微镜里显出的图像当成真的），但近百年来物理学和化学的无数的证据已经证明原子是确实存在的。

我们周围事物的许多性质，特别是力学性质和热性质，都可以通过原子似的小小台球来理解。*气体*可以看成一群稀疏分散着的台球，而*液体*或像玻璃那样的非结晶固体，则像一群紧密堆积着的台球，在小距离上还保留着某种次序。如果让它们在长距离上有序，我们便得到*晶体*，如液晶或固体晶体。让它们像项链那样串起来，就生成*聚合物*。它们可以单独活动，像元素；也可以聚在一起，像分子。

大自然为我们带来原子，也带来了无限的简化。不过对物理学来说，那还不够。物理学追求简单，像探求每个原子（从最简单的氢原子到最复杂的原子）的具体性质那么艰巨的任务，留给化学家们好了。当然，物理学不可能完全超脱，它也不愿那样。它也会对某些特殊的原子特性感兴趣，但特殊性还是越少越好。这样，物理学家高兴地看到，所有的气体，不论由什么原子或分子组成，都表现出大致相同的行为，于是，理想气体的模型出现了；他们发现流体所倾向的流动方式与本来的化学（原子）性质无关；理想晶体的概念也因此产生了，8
这样的晶体是一列列规规矩矩排列的原子，它的性质既依赖于原子的化学性质，也同样依赖于原子排列的对称形式。虽然原子不过100多种，物理学家还嫌太多，而宁愿喜欢一个乌托子，一个就足够为三种状态（气、液、固）的原子物质带来理想的形态。

更准确地说，理想化的原子只是我们尝试去认识物质行为的开头。尽管谁都喜欢用乌托子台球那样的简单概念来描绘普遍的图景，但最终还得面对真实系统中个别原子的特殊表现。要不，谁知道为什么氧在－219℃液化，而冰却在0℃呢？尽管从碳原子的例子我们可以欣喜地看到，对晶体性质来说，原子的排列比它的化学性质重要得多——在金刚石晶格下，物质最硬，而在石墨晶格下，物质最软（图 9
1.2）——但是，单个原子的性质显然也起着根本的作用，不论什么模型最终都离不了它。某个晶体的理论可以从点阵开始，探寻特殊对称性的作用，然后将点扩展为乌托子球，以了解它的力学和热性质。但为了更深入地认识，还得让乌托子台球回到真实的原子，而每个原子的个性也将走进我们的思想。

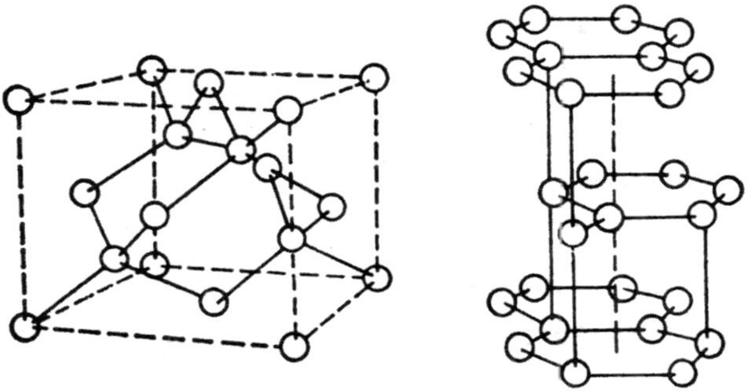

图 1.2　金刚石和石墨晶体的碳原子

波

物理学家在追求简单性的过程中，还在用比乌托子球和点粒子更不真实的概念，甚至还很成功。他们把固体和液体看成一种连续的占据整个空间的物质，而全然不顾原子的存在，还有比这更令人惊愕的吗？尽管这模型显得太粗野，但在比原子大得多的尺度上，它却非常有用。

连续统的概念，在一定意义上补充了点的概念。它同样是非自然的东西，不过在自己的领域内也同样重要。在物理学的虚构事物中，均匀而各向同性的连续体是经常出现的一个。均匀物质的各个部分，不论什么位置，都有相同的性质；各向同性的物质更简单，它的性质完全与方向无关——没有丝毫的凹凸不平。这种介质在物理学中太普遍了，真应该有一个名字——我们叫它“齐”性物质，[1] 而且用希腊字母χ来表示。齐性处处可以看到——如宇宙的模型，如我们讲的构成原型台球的乌托子。另外，在理想气体和流体中，在有一定弹性的简单固体中，我们都能看到齐性的精彩表现。而且，齐性的东西在数学上也有许多好处，我们可以用微积分来描写它们的行为。

连续概念比原子图像更大的优点却在于它强调所考察事物的整 10
体。它特别关心的是大量的、总体的而不是原子的、微观的性质。为了清晰突出整体的表现，它故意模糊了细节的东西。在物理学中，最有意义的一种整体表现就是波。

波是实实在在的东西。我们最早认识的是水面上起伏涨落的运动，它能发生反射、折射、衍射和干涉。从连续的观点看，波是从无限小基元的弹性相互作用中产生出来的。在原子模型中，波是从原子间的相互作用中产生的。也就是说，波是物质中所有原子的一种集体运动形式。波的重要意义在于，它像原子一样，也是物质所拥有的，尽管它不过是原子的运动而已。这些波叫弹性波或者机械波，它们可以是面波，也可能是体波。不论哪种波，基本特征都是物质的往返位移。我们来看三个例子。一个是纵波，如我们熟悉的声波，位移方向沿着传播方向［图1.3（a）］；另两个是横波，位移方向垂直于传播方向，要么是上下，要么是前后［图1.3（b）］。纵波（或者叫疏密波）可以穿过真空外的任何事物，而横波（或剪切波）只能在固体中传播。

---

1. chi，是作者用continuum（连续）、homogeneous（均匀）、isotropic（各向同性）的头一个字母造的词，译者将它音译为“齐”（不过在英文里，它却是希腊字母χ的读音）。不论在语义上，还是在数学意义上，“齐”与那三个性质都是很近的。

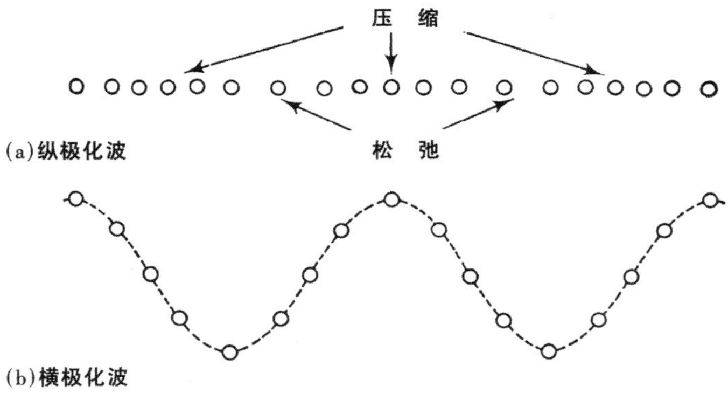

图 1.3　虚线为正弦曲线

在地震研究中，机械波表现了特别的意义。地震在周围岩石中产生振动，振动向周围传播，穿过地球。遍布世界的实验室都能探测到
11 这种所谓的地震波。从地震波的研究中，我们得到了大量关于地球内部结构的东西。实际上，地球液核最显著的证据就是在那里没能探测到剪切波，而只有压缩波。

如果说“连续”弥补了“点”的不足，那么波则是对粒子的补充；如果说乌托子球是理想化的粒子，那么理想化的波就是正弦波，它跟那乌托子的台球一样，能够成为物理学的原型。但是，以数学函数描写的理想波，似乎没能令人满意地与粒子作对比。波与原子好像不是同一种东西。原子可以仅仅看作一个粒子，能离开任何运动而存在；而波的最大特征却在于它总是与运动相伴的。不过我们还是应该小心，更精密的原子模型表明原子内部也充满着运动。还有一点应该看到，波的频率和波长决定于波在时间和空间里的波动范围；范围越大，波
12 越容易确定。于是，一个“好波”应该在我们的空间扩展，而粒子却

局限在一定的地方。

实际上，波与粒子的这种差别只是程度上的不同。沟通两样东西的是*波包*，一种在空间有一定延展的运动着的扰动（图1.4）。其实，我们从来没有研究过乌有乡物理学里的无限延展的波，我们实际上关心的总是波包。我们会发现，粒子的集体运动也能像一个粒子。这种情况下，当运动纯粹是平动时，我们很熟悉了；如果运动是振动，就有些奇怪。网球飞过网，是原子集体平动的例子，我们很容易将网球看成一个粒子。为了理解球内产生的弹性波在某种程度上也是一个粒子，还需要一点儿经验。

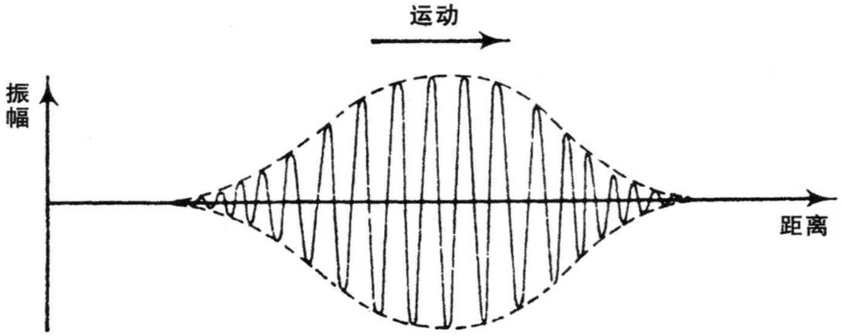

图1.4　波包

在认识物质的结构中，波包的概念与粒子一样重要。虽然波包都带着能量和动量，占据着一定的空间，但它的行为还是与经典粒子不
大相同。两个粒子走到一起时，会碰撞而分离；两个波包相遇时，会 13
融合在一起，振荡的幅度会在某些地方增强，在另一些地方减弱，就是说，两个波发生了干涉。让一个粒子穿过一丝缝，它要么穿过，要么穿不过。如果是波，则总会有一部分穿过缝隙，当然，由于衍射，它以后的运动方向会不那么确定。但是，真还有比波包更像粒子的波，

那就是孤立波，现在人们干脆称它孤立子。如果介质有特别的非线性特征，就可能存在孤立子。孤立子是运动的“小山峰”，在碰撞时，能保持各自的形态，像粒子那样完好地分离。然而它们终究还是波，一种很独特的波，怎么也不会把它同台球混淆起来。波会发生干涉和衍射，而粒子不会。粒子在本质上是不可分的——要么一个，要么没有。波像果冻，像塑料，振幅可以连续地减小，小到难以觉察的一列振荡。

连续的机械波，不可分割的粒子，是经典物理学中宏观物质的两样绝妙表现，那么简单、那么诱人，却又那么不同。

第 2 章
奇事

“那我可不信！”爱丽丝说。

“不信吗？”皇后有点儿可怜她，说，“再试试看：深呼吸，然后闭上眼睛。”

爱丽丝笑了。“那也没用呀，”她说，“人不能相信不可能的事情。”

“我敢说你练得不够多。”皇后说，“我在你那么大的时候，每天都会练半个钟头。有时候，在早餐前我能相信六样不可能的东西呢。”

——L·卡洛尔《镜里世界》[1]

电磁波 14

除去力学或机械的东西，物质还有别的性质。所有物质都能带电，

1. Lewis Carroll（1832—1898年）原名Charles Lutwidge Dodgson，本来是数学家，但人们记得的是笔名，他不朽的著作是这本《镜里世界》（*Through the Looking Glass and What Alice Found There*）和姐妹篇《爱丽丝漫游奇境》（*Alice's Adventures in Wonderland*）。这是两部没有一点儿说教味的儿童读物，在好多大人的科学著作里，也能看到它们的影子（这儿引的一段在原书第5章）。

有的还能被磁化。我们将物质分为固体、液体和气体，也可以根据电流在物质中通过的难易程度，将它们划分为导体、半导体和绝缘体。而就磁性行为来说，还可以根据物质在两个磁极间的表现，将它们分为铁磁的、顺磁的和逆磁的。另外，如果我们关心的是电极化，可以说物质是绝缘的或是导电的。电磁行为千变万化，根据电磁性质来对事物进行分类的办法还多着呢。

幸运的是，磁与电之间存在着密切的联系。哪里有运动的电，哪里就有磁的作用。磁不过是电流的表现。因此，为了认识电磁行为，我们只考虑电和电的运动就够了。

15 匀速运动的电荷实在没有多少趣味。在稳恒的直流电附近，罗盘的指针会偏离磁北极，就这么简单。非匀速运动的情形就不同了。物理学中最活跃的一种现象，即电磁波，正是从交变的电流中产生出来的。电荷加速时，就产生电磁波（图2.1）。金属天线的电流以很低的频率振荡（如每秒几千周），发射出无线电波。如果频率高百万倍，则发射出微波，成为雷达系统的一部分。两种波的唯一区别在频率，其

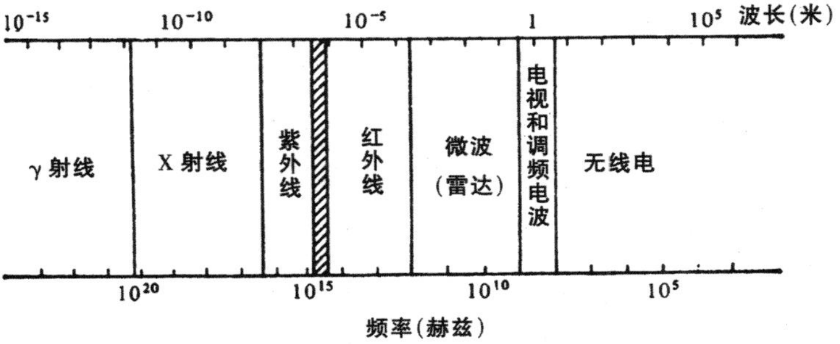

图 2.1　电磁波谱。阴影区是可见光范围

他方面的性质是完全相同的。可见光是另一种电磁波，频率是雷达波的100万倍。在可见光与雷达波之间是不可见的红外线，任何温度在绝对零度以上的物质都会产生这种辐射。频率更高的是看不见的紫外线、X射线和γ射线。这些辐射的基本特征都是一处的电流振荡能激起另一处的振荡。

所有电磁波在真空里都以相同的速度（2.99792458×10^8米/秒）
传播，大约比空气中的声速快100万倍。从某种意义上说，它们都是 16
电荷非匀速运动的结果，也能激发电荷的非匀速运动。电磁波那样起源，又那么快，而且还能在空无一物的虚空里传播，于是自然成为通信的主角。这不仅仅说的是传播电视节目或者同宇航员对话；而是说，我们正是主要依赖电磁波来认识宇宙的事物。这是一个显然的事实，相对论曾经探索过它的结果，而更多的结果还在不断地增加。

电磁波在许多方面都表现出很平常的特征，像机械波一样，真的。例如电磁波激发的电流总是垂直于传播方向，因此它们更像横的弹性波，而不像纵的声波。另外，原子所具有的波动效应（这是波区别于粒子流的独特性质），也都在电磁波中表现出来了。于是，通过窄缝的电磁波会扩散开来，表现出水波和声波的一切衍射特征（图2.2）。把两列电磁波叠加起来，我们也会看到有名的干涉现象——两个波峰相遇的地方，波动加强，波峰与波谷相遇的地方，波动衰减。经典的简单的粒子流不会表现出这种性质，只有波才可能。所以，电磁辐射像机械波。

可怕的问题来了。机械波不能在没有物质的空间传播，它们是原

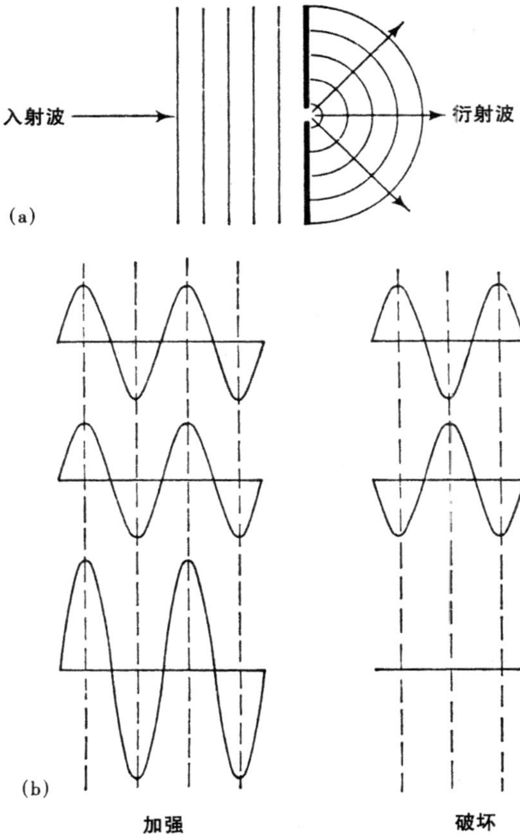

图 2.2 （a）衍射 （b）干涉

子或分子的协同运动，速度决定于传播物质的性质。电磁波却可以在真空里穿行，那么空虚的空间里有什么物质在振动呢？真空有结构吗？也许，我们不该提这样的问题？显然，这儿有新的秘密。

电子和原子

以后我们再回来谈电磁辐射（很遗憾，我们还不能揭开那个秘密，搞不好可能出现更多的麻烦——电磁辐射就是一个大大的秘密）。现在，我们来看看电的本质。

大量实验表明，电流是粒子流构成的。本质上讲，粒子只有两类，17
带负电的电子和比电子重很多的带电原子，我们称它为离子。离子通常带正电，不过也可以带负电（图2.3）。在所有元素里，氢是最轻的，带正电的氢离子是已知的最轻的离子，那就是质子。世界上的一切电磁现象都可以追溯到电子和离子的行为，而离子不过是得到或者失去一个或几个电子的原子。假如物质的电磁性质几乎能够完全决定其力学性质，我们会发现把它们归结到电子和离子是多么简单。 19

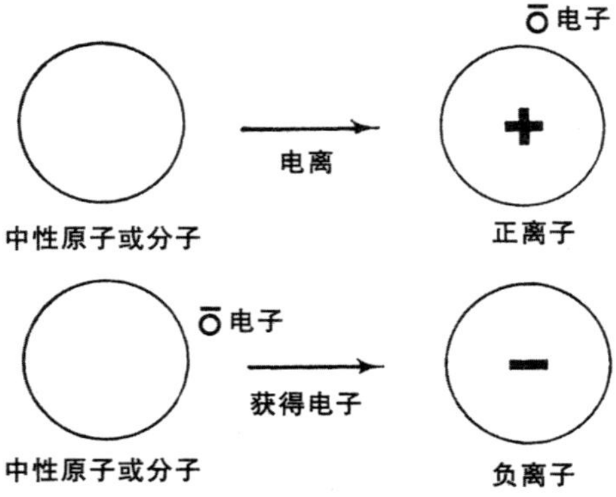

图 2.3 电子和离子

流入我们电视天线的电流是一股电子流。金属原子的台球图像由两部分构成：静止的带正电的大质量金属离子和一个或几个容易失去的电子。半导体的电子不那么容易失去，绝缘体的电子则几乎不可能从原子中脱离出来。在完全电离的气体中，电子和离子是两个基本成分，这样构成的物质被称为物质的第四态，即等离子体。我们想象将固体加热，熔化为液体，液体蒸发成为气体。再加热，气体的原子彼此产生碰撞，剧烈的碰撞使电子脱离出来，产生带正电的离子。电子同离子构成等离子体。我们平常最熟悉的等离子体是太阳，它主要由氢组成；更准确地说，它由两种基本的带电粒子，质子和电子，沸腾地混合在一起。

磁能告诉我们更多的事情。原子像小磁体，就是说，在原子中存在着某种形式的环行电流。因为原子里有电子，而电子带着电荷，电荷的运动产生了原子的磁性。但是，仅靠原子内电子的运动还不够。为了说明所有的铁磁现象（毕竟这是我们最熟悉的一种），也为了说明更多别的现象，我们必须寻求电子本身的内在运动图景。实际上，电子一定在以某种方式绕着它自己的轴旋转着。质子也该如此。电子和质子都有自旋，自旋使它们像一个个小小的永久磁体。为了解释磁现象，自旋的概念和原子内电子运动的概念，都是必需的。

那么，电子有一定质量，一定电荷，还有一定自旋。质子比电子
20 更重一些，电荷相反，而在其他方面，它们是一样的。电子与质子都很可能充当五花八门的乌托子台球。实际上，简单的氢原子模型就是一个质子核外围绕着一个电子，那电子则像绕着太阳旋转的一颗行星。（遗憾的是，如果走进比原子更小的空间，我们会发现原子的台球图景是多么苍白，真实的原子全然不是我们想象的那样。）许多实验表明，原子空间几乎什么也没有。原子中心有个小小的核，带正电，拥

有大部分质量；带等量负电荷的电子围绕在核的四周，占据着大得多的空间。尼尔斯·玻尔（Neils Bohr）为电子的运动提出了几点简单的假定，然后发现了一个令人非常满意的氢原子理论模型。氢原子核是1个质子，1个电子在一定形态的轨道上在它周围运动。玻尔原子是最绝妙、最简单的东西，尽管它的成功依赖于一些完全随意的假设，它必将永远为物理学的神话色彩留下特别浓重的一笔。

玻尔原子令人欣喜的地方在于，它指明了一条从氢原子构造不同类型原子的道路。照这样的思路，氦核有2个质子，核外有2个环绕它的电子（图2.4）。锂核有3个质子，核外有3个环绕它的电子。核内的质子，铍是4个，硼是5个，碳是6个，氮是7个，氧是8个……继续数下去，铀是92个，而铀以后的元素更多。化学家所发现的这些所谓的元素周期律，都可以用玻尔的模型来解释。不过，还有一点困惑。假如氦原子正好是2个氢原子聚合而成的，它的质量应该是氢 21
原子的2倍，实际上却是4倍。原子越重，这矛盾越大。铀该是氢的92倍，但实际却是238倍。那么，还存在着别的东西，那是另一种粒

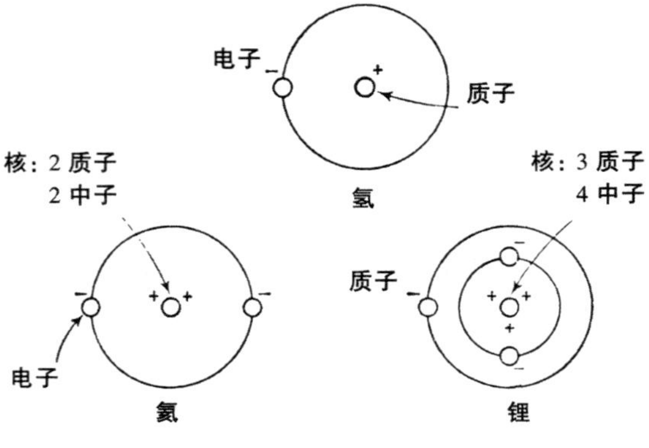

图 2.4　3种轻元素的原子结构

子——中子。中子的质量跟质子差不多，但不带电荷。然而奇怪的是，中子也跟质子一样，像一个小磁体。除了氢以外，所有的原子核都存在着中子。于是，氦核有2个质子和2个中子，而铀核有92个质子和146个中子。这样的铀记作^{238}U，并不是唯一的一种；还有^{235}U，核内只有143个中子，在化学上与^{238}U是一样的。质量不同而在化学上等同的原子叫同位素，它们都包括在玻尔的原子图景中，当然，得有中子参加。中子也能独立地存在于原子核之外，证据已经很多了（如原子弹和核电站）。宏观的物质，都是从中子、质子和电子衍生出来的。

粒子和波

22　中子、质子和电子有些什么性质呢？它们是带着自旋或电荷的小小台球吗？这的确是大胆的想象，然而很遗憾，事情不是这样的。它们不仅像粒子，也像波。电子可以像光那样通过窄缝发生衍射。通过双缝表现出的电子强度图像，不可能由小小台球来产生（图2.5）。电

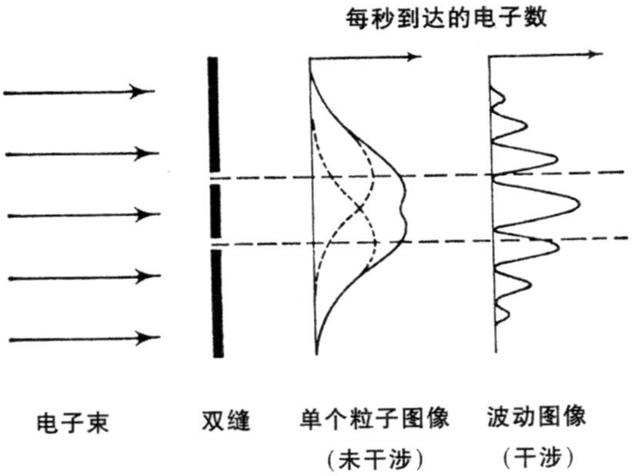

图 2.5　电子的波动行为。如果电子束是平行的，则干涉缝后面的电子密度图像应该是各单缝强度的叠加（虚线）。实际上，所观测到的干涉图样正是波的特征

子是粒子，同样也是波。质子和中子也该如此。在说明粒子性的实验中，电子会实实在在地像一粒小斑；在观测波长的实验里，我们也能获得清晰的波动结果。假如去测量电子的动量（质量乘以速度）和波长，我们会发现一个显著的关系：两个量的乘积为一常数，等于 6.626×10^{-34}焦耳·秒。这里得到的基本物理量叫普朗克常数，符号 23
是h。动量加倍，波长减半，乘积保持不变。这个常数对所有基本粒子都是适用的。

粒子怎么会像波呢？当然不会。我们的粒子和波的概念是从日常的大块东西得来的，不可能看到那奇异行为是如何发生的。我们顶多会联想到波包，它在空间占据着有限的范围，像一个粒子；而它也会衍射、干涉，那是波的本性。不过，我们可以想办法将波包一分为二。例如，当波包通过一半时，赶紧关闭一扇小门，将另一半反射回去。电子却是不可分割的——它要么过去，要么被挡住。一方面，它像任何经典粒子一样，是一个坚固的整体；另一方面，它能像波那样显出衍射图形，波长是普朗克常数除以它的动量。明白这些，我们也就明白了，电子既不是粒子，也不是波。它是全然不同的一样东西，既不是小小的台球，也不是有限的波包。

电子不能分裂，又有质量和自旋等可观测的性质，除了把它看成粒子，很难想象成什么别的东西。那么，我们如何来解释波动图像呢？一种办法是，认为电子是波产生的，波规定了电子的可能路径。在真正的波动情况下，波在某一点的振幅的平方决定了那一点波的强度（即能量）有多大。在电子波的情况下，我们所能考虑的是将振幅的平方与发现电子的概率联系起来。波越强的地方，发现电子的机会就越多。电子波是一种概率波，它以某种方式延伸，统计地决定在某个地方发现电子的概率。真实的台球被击出后，路径完全由打击方式
24 确定。拿电子来玩台球游戏就麻烦了，因为球的路径只能统计地确定，谁也说不准会发生什么事情。大概，电子还留着一个与它的本性相伴生的运动自由度。

作用量子

那个自由度的度量是普朗克常数h，等于动量与某个我们认为是波长的距离的乘积。在经典力学里，动量与距离的积是大家都知道的*作用量*。电子与别的基本粒子似乎拥有一个内在的作用量h，这是很奇怪的，也许还是物理学中最奇怪的事情。它的名字叫*作用量子*，是基本粒子内在运动自由度的大小。h很小，在寻常大小的物体中看不出它的存在，但它确实存在着，令人惊奇地决定着构成寻常事物的一切基本粒子的行为。

它甚至还存在于电磁辐射中。在光电效应里，频率足够高的光可以将电子从固体中打出来。电子从光那里吸收了足够的能量，从而能够从近表面的原子里逃逸出来。如果光的频率太低，即使很强的光也不可能解放电子。可见，光的总能量无关紧要，起决定作用的是频率。这个效应与许多其他现象都只能这样来解释：电磁辐射的能量是以小包的形式出现的。电磁辐射竟然由粒子流构成！这里，我们又碰上波与粒子的困惑了。

如果去测量每一小包的能量，而且确定波的周期（频率的倒数），

我们会惊奇地发现，两者的乘积是普朗克常数。能量与时间的乘积，跟动量与距离的乘积一样，也是一个作用量。电磁辐射的粒子与电子、质子和中子拥有同一个作用量子，它们的波动特性也同那些物质粒子一样——是概率波。我们称这种辐射的粒子为*光子*。在无线电波里，25
光子的能量很小，几乎感觉不到，但在γ射线，光子能量很大，而且粒子特性在任何实验中都会突出地表现出来。顺便说说，因为光子的存在，光在真空里传播的问题就容易得多了，毕竟，流过电视机真空管的电子已经为我们带来了那么多的快乐。具有作用量子所限定的运动自由度的粒子，除电子、质子和中子，现在又出来一个光子。

更令人惊讶的是，作用量子也囊括了所有从物质的集体运动中产生出来的波。声波和别的弹性波，是被称为*声子*的量子流，甚至直线往返的振子的能量，也是一个被称为*量子*的能量包。这些量子同基本粒子一样，具有统计的基本特性，没有确定的预言。但是，它们的具体性质可以从它们所属物质的特殊性质推演出来。这样，我们可以将它们与基本粒子区别开来，因为基本粒子的性质不能从我们所能看到的任何事物推导出来（这也就是为什么说它们是基本粒子）。

泡利原理与基本粒子

概率波的世界没能为原子的玻尔模型留下生存空间，在新模型里，核在多数情况下还是一只台球，但电子轨道消失了，代替它的是不变的电子波形。我们可以看到，这些假定几乎都是根据h的存在而提出的，唯一的例外则有着特别重要的意义，它告诉我们，在电子类粒子和光子类粒子之间，存在着一道鸿沟。那就是泡利原理，它除了对我 26

们理解原子和宏观物质特别重要以外，也说明了基本粒子的巨大差别。

泡利不相容原理说，在同一空间区域里不可能存在两个性质完全相同的电子。在氢原子中，两个电子只有在自旋方向相反时，才能在一定的波形状态下共存。这样的两个电子，性质是不同的。自旋要么正向，要么反向，所以，在不相容原理约束下，不可能再有第三个电子来占据同样的状态。在数量很大时，可以用费米和狄拉克发展的统计方法来描述这些粒子。这样的粒子叫*费米子*。

另一方面，还有的粒子，如光子，则全然不同。同一区域内可以存在任意多个性质相同的光子。一个光子的存在不会排斥别的光子，而是愿意有更多的伙伴。大数量时，这类粒子服从玻色和爱因斯坦发展的统计学原则，叫*玻色子*。[1] 如果说玻色子喜欢团聚，那么费米子爱独往独来。我们最熟悉的玻色子是光子，即电磁场的粒子。另一种熟悉的场是引力场，它的量子（目前还纯粹是理论上的东西）叫*引力子*，也是玻色子。

变化万千的宇宙能简单地归结为那5种基本粒子（电子、质子、中子、光子和引力子）的相互作用吗？如果能，那当然好，但实际是

---

1. 假设空间有n个状态，r个粒子（假定粒子是不可分辨的）。在这些状态间如何选择呢？我们考虑三种可能的方法。（1）每个粒子在某一状态的概率都是$1/n^r$。这种概率分布，物理学家称为麦克斯韦-玻尔兹曼统计。遗憾的是，物理学的粒子并不喜欢它。（2）只考虑可以区分的排列——例如，6个粒子在3个状态的分布，{(1)，(2)，(3)}与{(2)，(1)，(3)}、{(3)，(2)，(1)}、{(3)，(1)，(2)}等是不可区分的，但与{(2)，(2)，(2)}、{(0)，(5)，(1)}、{(1)，(1)，(4)}等则是可以区分的——每一类的排列都具有相同的概率，这就是玻色-爱因斯坦统计。（3）在第（2）种考虑中，限制每一状态不能存在两个或两个以上的粒子，就是费米-狄拉克统计。我们现在还不知道为什么自然界会有这么两样统计的粒子——超对称理论的一个结果就是将两类粒子统一在一个数学框架内。

不能。首先，如果不是在质子间存在着完全不同的一种短程吸引力，核内的质子早就飞走了——那种力叫强相互作用。5种粒子外显然还存在着其他东西。一定有某个粒子或什么别的东西将粒子束缚在一起。果然如此，大自然不在乎多点儿什么，一点儿也不。实际上，大约100种不同的基本物质，在高能物理学的大机器里生成、存在和消亡了，而每年还有更多的东西出现。简单性当然谈不上了。不过，这 27
么多粒子总该藏着原子核稳定的秘密，而且在它们背后也一定藏着简单的原理。

除开与场相关联的光子、引力子，我们可以根据粒子的质量来划分那些所谓的基本粒子[表2.1(a)]。最轻的粒子是轻子，有6个，

表2.1(a) 基本粒子

场		粒子	电荷(e)	质量(相对于电子)
引力	玻色子	引力子	0	0
电磁		光子(γ)	0	0
弱相互作用		中间矢量玻色子 W^+, W^-, Z^0	±1, 0	$\approx 10^5$
强相互作用		胶子(8种)	0	0
轻　子	费米子	电磁e	−1	1
		μ子	−1	206
		τ子	−1	3480
		中微子υ(3种)	0	$<1\times10^{-4}$
夸　克	费米子	上夸克u	+2/3	≈600
		下夸克d	−1/3	≈600
		粲夸克c	+2/3	≈3300
		奇异夸克s	−1/3	≈1000
		真(顶)夸克t	+2/3	?
		美(底)夸克b	−1/3	≈10000

都是费米子，其中我们最熟悉的是电子。还有μ子（206 m_e）和τ子（3500 m_e），跟电子一样也带负电。它们不过是重一些的电子，不同的是不够稳定，最终都会衰变为电子。在衰变过程中会出现非常奇怪的粒子，也是轻子，但不带电。那些中性的轻子以光速运动，叫*中微子*，没有质量（也可能有很小的质量），其实不过是运动着的能量和自旋。当我们考虑中微子在激发其他反应中扮演的角色时，它们的性质可以根据所伴随的带电轻子区别开来，于是存在着τ-中微子（ν_τ）、μ-中微子（ν_μ）和电子中微子（ν_e）。由于中微子几乎不与任何物质发生作用，我们很难探测到它们，但是没人怀疑它们的存在。[1]

从电荷看，轻子一族很不对称——族中的粒子要么是中性的，
要么带着负电。一定还存在着带正电的轻子。但是，为什么我们只
对电荷的不对称感兴趣呢？不是还有别的性质吗？——如中子的自
28 旋。要知道，我们问这个问题，也就在开始揭开宇宙那隐蔽而可怕的
一幕——我们远离了童年，却依然想着透镜里的世界。假如带正电
的轻子真的存在，会发生什么事情呢？因为赋予了相反的性质，它
们在同我们那6个实实在在的非对称的轻子相遇时，会发生湮灭。不
论真粒子具有什么性质，都会被对应的相反性质化为乌有。结果，两
种粒子都完了。也许，我们该为不对称感到满足。可是，那由不得我
们，带正电的轻子和反中微子确实存在，镜子的那一头是一个完全的
反物质世界。正电荷的电子，即*正电子*，在遭遇电子时，会发生湮灭
29（尽管它们先会像一个准氢原子，形成一个短暂的电子偶素）。结果，
在低能的情况下，产生两个γ射线光子。中微子与反中微子相遇，虽

---

1. 2000年6月21日，美国费米实验室宣布发现了τ-中微子，这样，所有理论预言的轻子都落实了。另外，据最近的一些发现，中微子有质量的可能性似乎更大一些。

然不大可能，但也会发生湮灭。湮灭是不可抗拒的，这多少令人想象，柴郡猫的笑遇到“反”柴郡猫的愁……[1]

物质世界伴着一个反物质的世界。我们讲6种轻子，镜子却告诉我们实际应该有12种。所有其他粒子也该是这样。幸运的是，反物质所表现的对称，并不是数量的对称。物质的数量远远超过了反物质的 30
数量，否则，这世界也就不可能存在了。在宇宙其他地方，也可能不是这样。

回到我们的粒子分类，我们将重的费米子称为重子，在重子一族里，质子和中子是最轻也最稳定的，它们是原子核的组成粒子，所以也叫核子；其他的重子Λ、∑、Ξ、Ω，叫超子，虽然只能存在10^{-10}秒后就会自发衰变为质量更小的粒子，却同样是实实在在的东西。与原子核的时间尺度（光经过一个核的时间，即10^{-22}秒）相比，10^{-10}秒毕竟也够“永恒”了。[2] 如果说原子核钟的一声嘀嗒，等于我们宏观时钟的1秒，则那些粒子能生存10万年，当然是稳定的。

还有一族粒子，寿命长达10^{-7}秒。它们是介子，不像轻子和重子那样有半整数的自旋，而是带着整数或零自旋的玻色子。其中，最轻的是π介子，重一些的有K介子、η介子、ψ介子、γ介子和B介子。可

---

1. ……厨房里只有两个不打喷嚏的，一个是做饭的老妈子，另一个是只大猫，正偎在灶台边，两个嘴角都笑到耳朵边儿了。
爱丽丝……小心问：“你的猫为什么那样笑呢？”
“那是只柴郡猫，”公爵夫人说，“当然那么笑，笨蛋！”
……
“呀！有猫不笑我倒是常见过的，”爱丽丝想，“可有笑没猫，却是我一辈子也没见过的怪事儿！”
（《爱丽丝漫游奇境》第6章）
2. 相比之下，人生（~10^2年）在宇宙（~10^{10}年）中才真是短暂的。

是，我们如何面对讲过的这些轻子、重子和介子呢？况且，还有我们没有讲的一群匆匆过客，它们只能存在10^{-15}秒。这10多种粒子，怎么能满足我们相信的简单性呢？看来，这些基本粒子一定还有什么伙伴等着我们去发现，就是说，还该存在更基本的东西，但它们的性质却大不同于我们寻常经历的，我们几乎一无所知。实际上，我们需要一
31 些全新的词儿来描述那些性质，那些词来得有几分幽默，也有几分神奇，而那些基本粒子也是些好玩儿的古怪东西。

夸克

“更基本”粒子的存在，是盖尔曼（Gell-Mann）在1964年提出的。如果让你来为这些粒子取名字，你大概不会叫它“生奶酪”吧？也许你也跟盖尔曼一样，叫它“夸克”，不过是因为它同那个叫“斯纳克”的怪物押韵。[1] 不管怎么说，夸克是我们的基本粒子的名字，而这些粒子还有着许多“味道”甚至“颜色”。为了解释从介子和重子（它们一起叫强子）的性质中表现出的结构形式，我们需要3对6种夸克（当然，还有6种反夸克）。夸克最令人惊愕的性质是它不得不被赋予分数的基本电荷，为了最终的简单，这是应该的代价。清除基本电荷，或者将它减小，是沉重的一步，但终究还是值得的。现在，基本电荷成了$1/3e$（e是电子和质子拥有的电荷量）。在一个夸克对中，一个夸克的电荷是$-1/3$（以e为单位），另一个的电荷是$+2/3$。反夸克当然就是$+1/3$和$-2/3$。可惜的是，轻子远不像夸克那样突兀，还保持着它们

1. 夸克（quark）一词来自乔伊斯（James Joyce）的《芬尼根守夜者》（*Finnegans Wake*）：“Three quark for Muster Mark！”盖尔曼当时只想了3种夸克（u，s，d），关于他的故事，读者可以看他自己写的《夸克与美洲豹》（第一推动丛书第二辑）。那个叫“斯纳克”（snark）的怪物，我们在后面还会说得更多。

原先所有的基本电荷（$\pm 1e$）。于是，我们现在有两种基本电荷，而基本粒子也是两组：轻子与夸克。

引入夸克的一个原因是，尽管轻子像点粒子（第8章再讲），重子却不像，而是有10^{-13}厘米的半径，这也就意味着它们有结构。夸克的发明使我们能够认识那些结构的许多特征，如强子是怎么产生的，怎么衰变的，衰变成什么，或者，还有很重要的一点，不能衰变成什么。在这些过程中，表现出一些量子选择定则，但这些定则在物理上定着 32
什么，却不是我们所能想象的。不过，我们可以为每一种服从那些定则的特征都取一个名字，这至少是理解一切的开始吧。

夸克必须跟轻子一样具有1/2的自旋，否则我们就不能用它们来构造质子、中子和别的重子。总自旋为1/2的最简单的结构也得由3个夸克来构成［上自旋（+1 / 2）+下自旋（−1/2）+上自旋（+1 / 2）］。这样我们就明白了，为什么要为夸克赋予可怕的分数电荷。为构造质子，我们需要2个电荷为+2/3的夸克和1个电荷为−1/3的夸克，总电荷为+1。为构造中子，我们需要1个电荷为+2/3的夸克和2个电荷为−1/3的夸克，总电荷为0。于是，构造寻常物质，2种夸克就够了。一种夸克与其他夸克的差别在于它们各自具有某种特别的性质——所谓的“味”——我们随意称那些“味”为“上”（u）和“下”（d），u夸克的电荷为+2/3，d夸克为−1/3。这样，质子可以表示为（uud），中子为（udd）。介子具有整数的自旋，所以用2个夸克就够了（例如，上自旋+下自旋=零自旋）。我们发现，所有介子都是由夸克−反夸克对组合形成的。因此，负电荷的π介子由1个d夸克和1个反u夸克组成，也就是（$u\,d$）。

上、下两种夸克是不够的。更重的粒子的行为，表现出更多的“味道”。[1] 新一对夸克，有着“迷人的”和“奇异的”味道，分别被赋
33 予+2/3和－1/3的电荷。“迷人的”粒子包含着c夸克，而“奇异的”粒子包含着s夸克。还有一对夸克的味道是“真”（t）和“美”（b）[更一般的说法是“顶”（t）和“底”（b）]。这样，我们就可以说，像ψ介子（$\bar{c}\ c$）那样的粒子，“隐藏着迷人的味道”，因为c夸克那“迷人的味道”被反c夸克冲淡了；我们也可以说，$\bar{\gamma}$ 介子（$b\ b$）“隐藏着美”。实际上，这些介子有时也叫夸克偶素，类似于电子–反电子形成的亚稳态的原子电子偶素。说得文一点，我们可以说那些不再隐藏“美”的粒子，如B介子（$b\bar{u}$）或（$b\ \bar{d}$），有着坦白的美；说得俗一点，这些粒子把“心底”都亮出来了。那么，我们当然也可以说，没有t夸克的粒子，要么是“假的”，要么是“没头没脑的”（*topless*）……

我们不能一开始就想象那些“味”是什么意思，但如果真把它们当成像自旋那样的量子特性，问题可就来了。泡利不相容原理说，不能有一个以上的费米子占据系统中某个给定的量子状态，而有的粒子却是由3个相同夸克构成的。例如，Ω^-粒子就“奇怪极了”，它由3个奇异夸克组成（sss），这3个夸克在电荷、自旋和味道上没有一点儿区别。如果不相容原理还能成立，那一定存在着其他的量子特性区别这些奇异夸克，不过它不会在整个粒子上表现出来。这一新的性质叫“色”。那3个夸克有3种不同的“颜色”—— 如红、绿、蓝，每个夸克凭自己的颜色与别的夸克相区别，它们聚在一起成为一个无色的粒子。

1.“迷人的”“奇异的”“真的”“美的”（或者“顶”“底”）等夸克的‘味道”，都是随便说的，无非是为了区别不同的性质。下面作者还拿它们来玩文字游戏。不过，这些名字已经约定俗成了。特别是，“迷人的”（charm）味道的正式中译名是音译的“粲”。

一切费米子都由红、绿、蓝3种颜色的3个夸克构成，而介子呢，可以说由1个红夸克和1个反红夸克构成。于是，夸克有味有色，而反夸克却有“去味”“褪色”的特性。

猎获“斯纳克”的办法，很久以前就有人描绘过了：[1] 34

他们拿起铁环，小心翼翼地寻；

他们挥舞钢叉，满怀希望地追；

他们举着犁头，

他们笑着，用甜言把它迷醉。

同样的手段（不论什么）也曾用来寻猎夸克，然而没有成功——从来没能发现单独存在的夸克。（谢天谢地，也没有哪家大的国家或国际高能物理实验室报告发现了可怕的Boojum粒子。）为什么夸克不能单独存在，我们不知道，那可能与色和与色相连的力有关。新的量子色动力学也许会有一天能彻底认识它（那个话题我们到第7章再谈）。

相互作用

把夸克束缚在一起的力是强相互作用。像电磁相互作用有自己的粒子（光子）一样，强相互作用也有自己的玻色子，那就是胶子。通过胶子的交换，夸克被黏在一起。假如色力真的存在，胶子应该是没有质量却有颜色的，而且，为了在夸克间交换颜色，我们至少需要8

1. 关于“斯纳克”和这几行奇怪的句子以及下面的Boojum，我们到最后一章再说。

种不同的胶子。但如果胶子本来就带着颜色，它们自己可以黏起来形成胶子球或胶子素。

质量较大的轻子（μ，τ）可能衰变为电子；同样，较重的夸克（c，s，b，t）也有衰变为u，d夸克的趋势。这两种情形下，都是所谓的弱相互作用在活动，而且弱相互作用的特征玻色子也来了。弱相互作用粒子的名字，不像我们通常为其他粒子起的名字那么随意，而是响当当的，还有点儿唬人：中间矢量玻色子。这种粒子有3个——W^+，W^-，Z^0——大约比质子重100倍，它们也会衰变，通过其他粒子衰变为电子和中微子。

35 不过这又如何解释原子核中质子和中子是怎么束缚在一起的呢？用夸克来说，质子是（uud），中子是（udd）。从质子转化为中子要减掉1个（$u\bar{d}$）。减掉1个反粒子相当于增加1个粒子，所以减掉等于增加d。组合$u\bar{d}$正好是带正电的π介子。质子释放1个π^+，就变成中子。所以，质子和中子可以通过交换π^+介子而束缚在一起。同样，质子与质子可以通过交换中性π介子来约束。这样，核子间的力是束缚夸克的真正强力的一种剩余相互作用，很像晶体中中性原子间的分子力，那主要是剩余的电磁力。

看来，万事大吉了。然而，胶子五花八门，而在实验里却一个也没出现过！真有胶子吗？有没有构成夸克的比夸克更小的粒子呢？跳蚤上面还有跳蚤……[1] 就是说，物质构成了物质，而构成物质的物质

1. 这里作者大概借用了斯威夫特（J. Swift，1667—1745年）的诗句："……博物学家看到一个小跳蚤/还有吃它的小跳蚤/而那跳蚤上还有咬它的更小的小跳蚤/如此下去，没完没了。"

表2.1（b） 强子

类型	粒子	夸克	质量（相对于电子）
介子 玻色子	π^+	（$u\bar{d}$）	270
	K^+	（$u\bar{s}$）	980
	φ^0	（$s\bar{s}$）	2040
	D^0	（$c\bar{u}$）	3900
	ψ^0	（$c\bar{c}$）	6100
	γ^0	（$b\bar{b}$）	18500
重子 核子 费米子	质子p	（uud）	1836
	中子n	（udd）	1839
超子	Λ^0	（uds）	2190
	Δ^{++}	（uuu）	2410
	Σ^+	（uus）	2330
	Ξ^0	（uss）	2580
	Ω^-	（sss）	3230

说明：+为正电荷；－为负电荷；0为电中性；字母上标着横线的为反粒子；电子质量为9.109382×10^{-31}千克。

由更小的物质构成……哦，一个无限的粒子溯源序列！

弦

无限地溯源下去可不太妙，应该有一条回归的路。也许，粒子是另外某种意义上的事物。举例来说，在那个意义上，音乐的和声也能说是某种事物。不过，和声是属于琴弦的，那么，强子也许就像一根基本弦上的一个音符。一根10^{-15}米长的弦，还有内在的张力，能旋转，还能振荡，频率乘以普朗克常数能得到对应于强子质量谱的能量——这样的弦，不也太离奇了吗？这就是南部阳一郎的毕达哥拉斯精神。[1] 但是，振荡那么快的弦，有些部分一定会以光速运动，这意味着它不能有质量。另外，为了包容不同类型的粒子族，弦必须在至少是十维的超空间里振荡。这样，弦成了超弦，能描绘费米子，也能
36 描绘玻色子。粒子间的相互作用从而表现为一根弦断成两根，两根弦连成一根，或者一根开放的弦形成一个闭合的环。更离奇的是，闭弦的交换就像自旋为2的玻色子的交换，而引力子正是那样的玻色子。例如在某种超对称下，每个玻色子都有一个费米子伙伴，那么必然存在自旋为2/3的费米子——引力中微子。还可能有自旋更高的粒子，它们的存在意味着超引力。不过，如果引力真像那样，弦将从原来想象的大小收缩到10^{-35}米的大小。

弦理论走得很远，它融合了基本粒子、量子论、相对论，也许还有引力。但是，它解释不了为什么基本粒子的质量谱会是那样的。以后我们会讲一种关于质量的思想，它认为存在一种与粒子相互作用的场，在作用过程中为粒子带来质量。当然，如果有场，也就会有与它相连的玻色子——希格斯（Higgs）粒子，这是以发现者名字命名的。不过，我们还是来看另一个问题。

从粒子到黑洞

当我们面对这么多亚原子核粒子时，谁也不能否认它们带着点儿

---

1. 南部阳一郎（Nambu Yoichiro）1924年生在日本东京，后来成为美国芝加哥大学教授。他曾在与超导电性的类比基础上，提出了基本粒子的动力学模型（第7章我们会讲一点）；1964年他（与O. Greeberg等）提出夸克应该是带“色”的；1969年，他又提出这里讲的强子的弦结构，夸克在弦的两端；弦的能量与长度成正比。这里所谓的毕达哥拉斯精神，就是“万物皆数”的信仰，认为宇宙是一曲和谐的音乐。

虚构的意味。它们不就是在（花大价钱制造的）巨大加速器旁的气泡室里的一些轨迹吗？能带来什么有意义的东西呢？电子、质子、中子、光子，不错，这些是它带来的。它们能很彻底地解释宏观事物，在面临远离日常经验的具体事物时，却为什么有那么多麻烦？

事实上，它们也是寻常的东西。在你读这几个字时，粒子正带着难以想象的能量从太空倾泻下来，进入地球大气层，打碎数不清的原子核。有的核碎片正好穿过你的身体，或者撞进你自己的某个原子核。
我们一直被这些所谓的宇宙线照射着，它们由基本粒子构成，也在空 37
中产生我们在实验室里产生的基本粒子。所以，它们是实在的东西，也是寻常的东西，生命的演化也依赖于它们，只是我们难得看见它们罢了。

它们的影响也不仅限于亚微观世界。在巨大的恒星世界，它们是最活跃的因素，它们的燃烧是星体能量的源泉，化学元素就在燃烧里形成，它们的巨大集团就是一颗颗恒星。当核能燃尽，星体就在自身引力作用下坍缩。如果压力很大，电子被挤进质子，就形成中子星。中子星还可能是尖锐的无线电波的来源，射电天文学家称它为脉冲星。在更高的压力下，也可能形成超子星。

原则上讲，可能会出现密度为无穷大的集团。我们已经从最小的可能事物的尺度一跃到了最大的尺度，现在让我们来认识最终的东西，它一定也是全部物理学中最奇异的。

那东西的行为，与组成它的物质无关，不论是中子，还是超子或别的什么粒子。它的性质来自一个事实：它的质量局限在一个临界半径以内，密度大得能让表面的引力场将光抓住。它既不发光，也不反光，被称为“黑洞”，不论什么东西落进去，都不可能再出来。也许哪天我们能在星空里发现一个黑洞，不过希望它不要离我们太近。

我们从台球和波谈到了中微子和黑洞，在考虑这些物理学事物时，我们曾试着将宇宙的简单性找出来，尽管它们也不是那么好懂的东西。
38 这种思想，就是要直接找出那些重要的东西，就像在展览会上指着那东西说：“看，那就是物理学研究的东西。”举例说，那就是反映在镜像里的东西，或者收藏家手里的东西。这听来简单的思想却有着不少困难，我们应该看看那是为什么。

当然，总会有如何选择的问题。大综合是不可能的，也没人愿意。幸运的是，在物理学中，基本事物（在某种意义上是最简单的）选择了它们自己。更麻烦的是从整体分析到部分分析所产生的危险。我们将小东西一点点分解、罗列，可能会失去深层的基本的统一。神秘主义者坚信万物是统一的，而表现在我们眼前的却是千姿百态的。尽管如此，凭我们目前可怜的一点儿宇宙认识，我们还是最好同意奥斯卡·王尔德（Oscar Wilde）[1] 说过的，“表面的东西才有意义”，而且，至少在眼下，我们仍然相信电子和质子是两个不同的实体。然而，最严峻的问题是，要把物理学的“物”同物理学的其他东西分离开来，

---

1. Oscar Fingal O’Flahertie Wills Wilde（1854—1900年）最有名的作品大概是童话集《快乐王子》（*The Happy Prince and Other Stories*，1888年）；他唯一的长篇小说《道林·格雷的画像》（*The Picture of Dorian Gray*，1890年）也是许多读者都熟悉的。他是唯美主义者，法国“为艺术而艺术”派在英国的最突出代表。很遗憾，在他的主要作品（集）中，我没有找到作者引用的那句话；有趣的是，他的另一句话似乎也可以引用在这里：“真理只是纯粹的，但从来不是简单的。”

我们显然已经失败了。

即使在寻常的宏观情形下，我们也不能在事物的识别中将运动排斥在外。台球没问题，能安然地处在它呈现出的状态。波却全然不同，波的整体特性包含着运动。波是“物”，但它的存在依赖于运动是什么。为了说明运动是什么，我们必须先谈时间是什么，空间是什么。在量子水平，麻烦更大。如果不首先认识作用量子的存在，我们甚至不可能判别那微观物质是什么。离开了能量、动量是什么，我们无从谈基本粒子的存在。更糟糕的是，基本粒子如果不与其他粒子相互作用，就不可能表现为物的存在。这样，电子具有一个电荷，那是它与光子相互作用的度量；π介子有质量，那是核引力作用范围的度量。 39

总之，我们不能把基本粒子分割成一个个的状态，为它们贴上这样那样的标签。它们的性质最终是与它们彼此间的相互作用联系在一起的。相互作用包括动力学的能量和动量（线动量和角动量），而能量和动量又关系着质量、时间和空间。现在我们走进深渊了：为了认识质量、时间和空间，我们必须运用基本粒子和它们的相互作用。这些纷纭复杂的相互依存关系，我们理解了一些，但更多的还不知道。现在我们只能说，无论宇宙万物是什么，总不会像乌托子台球，不会因为镜子里的世界而与所有其他事物隔绝。

第 3 章
空间

——黑沉沉

一片无垠的汪洋，没有边际，

没有大小；长度、广度和深度，

还有时间和空间，都失去了。

——弥尔顿《失乐园》[1]

40 绝对的空间和时间

判别自然界的“物”，不过是个开头。像台球那种东西，有些性质与它是不是台球没有关系，那是几块石头，几缕轻烟也有的性质，它们本身是一些共同的属性，而不是什么属性的特别表现。这些属性是：持续、大小和位置。只要没人用铁锤去砸，一个台球可以存在几个星期甚至几年，它占据着空间里的一定体积，它在这儿而不是在那儿。这些我们都很熟悉。我们自己也经历时间，也有大小，也处在一定的位置。显然，它们对于理解宇宙的结构是基本的。实际上，从某种意义上说，它们就表现为一种结构，自然的一切复杂的形态都嵌在

1. John Milton（1608—1674年），*Paradise Lost*，II，第891—第894行。这里的“大小”（dimension）也就是时空的“维”。

那结构上。

不过我们得小心点儿。我们对这些“物”的熟悉，同我们将它们抽象出来，脱离实在，都一样是危险的。先来看我们熟悉的东西怎么危险。一个物体不能同时在两个地方，似乎是显而易见的，但衍射的电子却可能；同样，尽管事物的大小和位置可以千变万化，但它们似乎显然经历着同一个时间，而爱因斯坦告诉我们，不是那样的。看来，[41] 在任何时候，我们都需要检验我们的直觉的思想。请注意，大小和位置也经历着时间。如果位置没有持续，我们面对的就是运动，那是我们司空见惯的另一样东西，更难理解得多。另外，我们在前一章看到，运动是物理学许多事物属性的综合表现，需要好好去认识。虽然它不陌生，我们还是应该小心地探寻它与时间和空间的关系。首先，让我们从所谓熟悉的桎梏里解脱出来，问这样的问题：“如果位置能够持续，那么是不是可以说‘一瞬’也占有空间呢？”或者，“除了神秘主义和隐喻的意思外，我们说一段时间能够持续，还有意义吗？”

有的问题可能带来很多结果，有的问题可能毫无意义。不过，没有意义的问题也值得考虑。它能让我们发现有意义的问题，或者至少能让我们走出无聊的圈子。我们需要避免的另一个危险是脱离实在的抽象。我们把持续、大小和位置看作宇宙的一种结构，这是危险的。因为，换一种说法，我们会发现物理学对象是嵌在**时间**和**空间**里的——这两个黑体词不是随便强调的。所以，如果谁那么想，他就危险了，因为他是在用完全靠自身而存在的**时间**和**空间**来思考，与物理学实体的存在没有关系。

这种抽象很有威力，不那么容易摆脱。**空间**（或者真空，或不论叫它什么）当然存在于我们认识事物的周围，**时间**当然平稳地在整个宇宙间流逝（不论这是什么意思）；诚然，古人曾想过绝对空间——一个关于位置的层次结构，人在宇宙的中心；诚然，绝对时间的概念更延续到了我们这个世纪。但是，绝对**空间**和**时间**确实是不存在的。

42 让我们想象一个台球是宇宙中唯一的一样东西，那么它有什么位置吗？这个问题没有意义，因为一个位置只能相对于另一个位置来确定，我们称那个位置为原点，却没有什么能定义它在哪儿，也不能拿什么来比较它有多大，那么我们能知道些什么呢？当然，它是存在着的。然而，它没有变化，没有发生什么事情，没有往来经过的东西，我们凭什么来讲时间的流逝呢？不能。**空间**也好，**时间**也好，什么意思也没有。绝对到头了，我们现在可以摆脱绝对空间和时间的偏见，也跟着剥去那两个词的“黑色外衣”。

空间和维

这会儿，我们集中谈谈位置，时间留在以后再谈。假定我们周围散布着好多台球，为了简单，让这些球都静止。现在我们可以试着去定义一个球相对于所有其他球的位置。

因为球都不动，最简单的办法是给每个球一个号。例如，我们有20个球，可以用1到20的整数来标记它们的位置。3号位置是3号球所在的地方，19号位置是19号球所在的地方，等等。位置之间不需要记号，因为我们可怜的小宇宙只有那20个台球。100个球，或者100

万个球，也都可以这样来定位。重要的是，它们都不动。

当然，一旦球动起来，上面讲的系统就没用了，因为还可能出现中间的位置。这样，台球可能占据的位置都需要做记号。于是，免不了或多或少的抽象。

让所有的球在一条轨道上滚动。如果选择好某种单位，我们还是
能够用整数来描述轨道上的位置。那个单位就是我们用以度量的尺子。
我们可以想象轨道上排列着许多相同的量尺，任选一个记为0，它右
边的依次记为+1，+2…… 左边的依次记为－1，－2…… 轨道上任何 43
一个球的位置由一个表示方向的正负号和一个表示离零点远近的数
来定义。如果要求精度更高，可以通过定义并且实际划分原来单位尺
子的百万分之一，作为新的更小的单位。划分的极限我们留在以后讨
论。（假如忽略这种物理学极限，我们很容易跳到连续概念，轨道上
的位置无限接近，那是一种有用而同时也是危险的理想。）

用一个数来标记位置很简单，这种办法能用来描述台球桌上的球吗？似乎没什么不可以的。想象一条轨道线在台球桌上曲曲折折地通过了所有可能的位置，那么一个球的位置仍然像以前那样由一个数字来决定。假如位置是唯一有意义的东西，那么这种方法足够了。

但位置不是唯一的因子。为了描述台球的运动，我们还应该知道它如何从一个地方移动到另一个地方。另一种说法是，我们应该知道一个位置如何与另一个位置相关联。我们不但要描述位置，还要描述位置的联络。

假设100个单位的轨道线在台球桌上往来曲折，盖满了桌面（图3.1）。位置50与位置150相邻。如果真有那样的轨道世界，那么50号台球得经过位置51、52 …… 才能到达150。我们看到的却不是这样。当然，球可以走那条轨道，但它还可以更直接地从50达到150。因为
45 50直接连着150，它实际上有另一种自由选择的机会。

考虑到这种情况，我们最好是通过从原点出发到达那里来确定那个位置。这样，我们需要X和Y两条相交的轨道，在每个相交的位置都有两个运动的选择。我们称一条轨道为一维空间，两条轨道为二维空间。150号位置现在成为（50，1），就是说，沿X轨道走50单位，沿通过位置（50，1）的Y轨道走1单位。这2个数字既描述了位置，也说明了一个位置如何与相邻的位置联络。

现在，我们想象用一张折叠了无数次的大纸填满的屋子。假如我们只对纸上的位置和运动感兴趣，还是只需2个数就够了。但我们知道，相邻折叠的联络带来了一个新的自由度。每个位置有3种选择，我们想象应存在3条轨道，也就是需要3个数字。这样，在第4层纸上的（50，1），变成三维空间的一个位置（50，1，4）。这3个数不仅确定了具体的位置，也告诉我们，物理学实体有3个运动的自由度。大致说来，任意位置的一个物体的运动，可以向前、向上或者向两边。

也许四维空间的物体还有一种运动的自由，不过，即使有的话，我们也还没有发现。它的存在会带来一些奇异现象，因为在我们熟悉的三维位置间隐藏着别的联络。在那个新维度上运动的物体，可以忽然在一个地方消失，在另一个地方出现，根本不经过我们熟悉的空间。

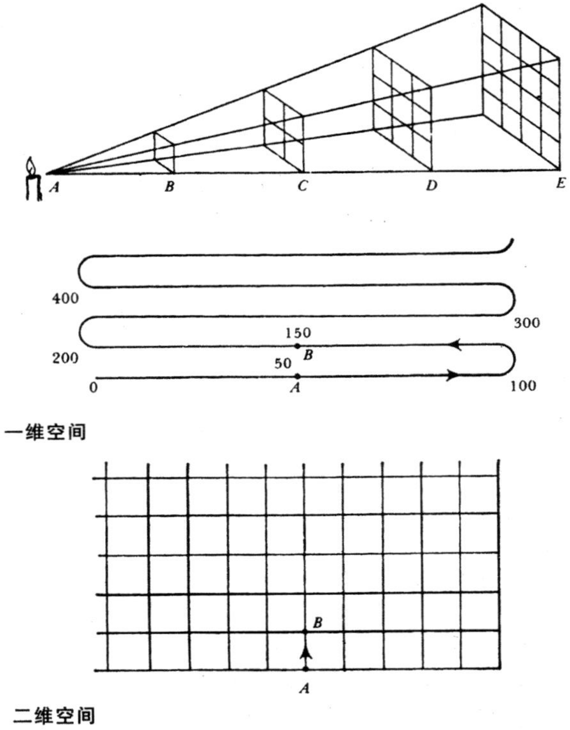

图 3.1 联络。在一维空间，从A到B得沿着轨道从位置50经过100到达150。二维空间意味着我们能走一条捷径。最上面的图 示意了无处不在的平方反比律和三维空间的密切关系

这为科幻小说提供了说不完的话题。那么，为什么不说第五维、第六 46
维呢？我们只能说还没有观测到什么证据需要比三维更高的空间。三维把握起来比四维容易，而且每一维都是相互等价的——不论我们如何选择那3条轨道；但第四维则与其他三维大不相同，我们将失去各向同性，将出现一个与众不同的方向。所以，我们还是坚持一个三维的世界，除非有什么不解的问题迫使我们将它放弃。

不管怎么说，各向同性是可贵的，它使我们能够适应不同问题建立简单的参照系。有时，我们选择3轴（轨道线）相互垂直，记为x，y和z，令x轴指向我们愿意的任何方向。有时，我们可能会发现更合适的坐标系（图3.2）。不论坐标系怎么选，它都不会歪曲我们面前的基本物理学。毕竟，我们理想的空间是“齐”性的介质——一个均匀而各向同性的连续体，它没有令人偏爱的空间和方向。坐标系受到的唯一约束是，它必须有3个独立的变量来确定位置。

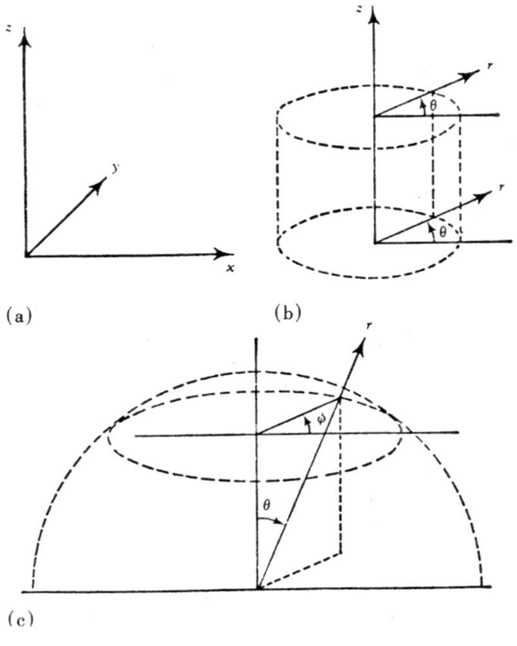

图 3.2　不同的坐标系

（a）笛卡儿坐标（x, y, z）。（b）柱坐标（r, θ, z）。（c）球极坐标（r, θ, φ）。

理想的空间令人满意，不过我们还得认识，存在着一些系统，在身处其中的人看来，空间显然比三维低。想想那些半导体薄膜，那些理想晶格晶体表面上生长的理想晶体（即所谓的生长面，正越来越多地出现在计算机电子学中），电子局限在50Å厚的层面上，它所感觉的世界显然是二维的。实际上，确实出现了一些新的性质。如果电子处在细细的晶体生长线上，或者局限在聚合物的碳链上，那世界就成了一维的、更奇异的性质，如超导电性，也因此而产生。尽管这些新的低维材料就在普通的三维空间里，但那些电子常常感觉不到。在这样的背景下发展起来的晶体生长技术产生了全新的物质形态。这是一种空间技术——实际上，是一种维的工程——为物质赋予准低维的新结构，从而具有全新的性质。当然，这些物质都是嵌在良好的齐性介质的空间里的，每一个位置，即使是在膜上或线上的，都能用3个数来确定。

空间的几何

但是，除了定义位置之外，还有更多的事情。要测量长度、面积和体积；要定义直线，要考察三角形的性质——一句话，要去发现我 48
们宇宙的几何。在数学上，我们可以想象一切可能的几何，在科学中，我们需要靠实验来确定哪种特殊几何适合于真实的世界。

我们先来测量两个台球A和B的距离。拿上我们的标准尺子，选一条从A到B的路线，看需要多少个单位尺子才能覆盖那条路。第二天，我们再来测量一回。这一回经过位置C（也许那儿更好看），我们发现需要更多的单位量尺。选择不同的从A到B的路线，多次重复这个实验，我们会记下许多不同的距离。是A、B在动还是距离与路线有关？仔细看看那些结果，我们发现后一种解释更简单，而且，我们还发现一条特殊路线，所需的单位量尺数最少。这个数便定义为A、B间的那个距离，而那路线就是一条直线。注意，这儿没有靠什么直觉，也没谈事物的内在性质或别的什么东西。我们通过实验来定义直线，也定义了实验的步骤。

画一个圈，通过测量半径r与周长l的关系，还能更进一步考察我们的几何。我们发现，$l=2\pi r$，迄今为止，2π对我们测量的所有圆来说都是一个常量。将圆周分成相等的一些单位，向圆心作直线，我们可以定义角是什么意思。画一个三角形，可以发现，三个角的和为180°。我们发现的这个三角学定律，能在不可能从A走到B的时候帮助我们确定A、B间的距离。万物都满足这个由欧几里得发现的几何
49 学。我们说空间是欧几里得的，这太熟悉了，用得着重复吗？因为熟悉而令人忽略，因为那几何还可能变得全然不同，所以我们还是要讲。

让我们来看看膨胀的三角形，它曾震惊我们知道的那个斯菲儿王国（Sphereyland）[1]。王国的居民叫斯菲儿，生活在一个建在理想球面上的世界里。他们的许多经验跟我们是一样的，因为我们也生活在一个球面上。不同的是，他们不知道上下的第三维。这样大家都好，他们可以过一种简单的生活，而我们也能多少有些优越感。长期以来，文明的斯菲儿民族生活在有限的地平线上，他们完全相信世界的几何是欧几里得的，小三角和小圆都有预料中的性质。“我们生活在平坦的世界里”，他们这么说，也这么想。

---

1. 作者又玩文字游戏了，Sphereyland是sphere（球）+land（土地）构成的“生字”，就是球面的世界。

一天，一个斯菲儿物理学家闲得无聊，就想到了那些平直的东西：如果三角形再大些，还会是欧几里得的吗？因为国家财政正在困难时期，他的第一次资助申请被否定了。第二次成功了，因为有人想那种膨胀的三角形大概能当武器，当然，没人知道怎么能够那样。那物理学家很快发现，随着三角形长大，三个角的和也在增加。在圆的情况下，他发现，大圆的周长显然小于$2\pi r$。另外，他还发现三角形和圆都存在一个最大的尺寸。超过某个半径以后，增大的半径却画出更小的圆。他把这些惊人的结果发表出来，却遭到了“斯菲儿王国平直几何协会”的迫害。当然现在每个人（自然不算那个“协会”的人）都同意他的结论：空间不是平直的，而是弯曲的。

凭着我们优越的地位，我们能看出那些奇异的结果是怎么产生的[图3.3（a）]。在我们看来，斯菲儿的直线是圆心在球心的大圆。三角形由三个大圆相交而构成。顶点在北极，底边在赤道线上延伸四分之一的三角形，每个角都等于90°。赤道本身就是最大的圆，半径 50
是它到极点的距离。我们能在三维欧几里得空间里消化这些事实，斯菲儿们却没有这点好处，只好去研究弯曲了的空间，因为在他们看来， 51
空间的确是弯曲的。

另一种非欧几里得几何是在马鞍面发现的，那面上的直线在我们看来像双曲线[图3.3（b）]。在斯菲儿空间，如果谁沿直线走得太远，他会又回到起点，从这个意义上说，空间是闭合的。马鞍面则是开放的，因为双曲线不会与自己相交。马鞍面上的大三角形的内角和小于180°。不过，像在斯菲儿空间，或在我们自己的空间一样，在很好的近似下，小尺度的马鞍面还是欧几里得的。许多物理学家想，在宇宙

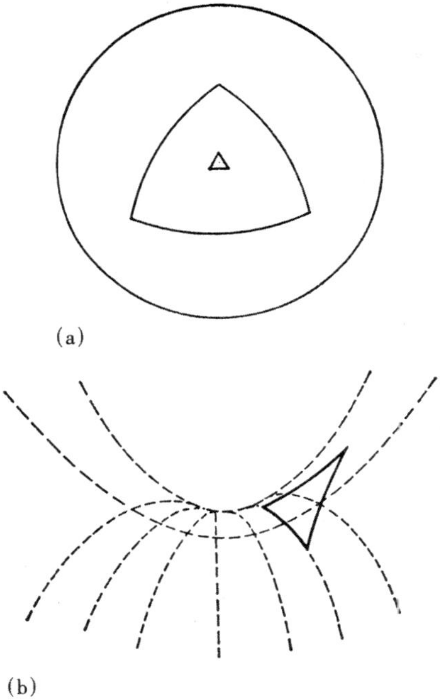

图 3.3　非欧几里得曲面
(a) 斯菲儿的球面三角形　(b) 马鞍面

学尺度和在强大引力场附近，我们的空间可能也是弯曲的。是不是这样，只有实验能告诉我们。

学会用什么几何是很重要的，在碰到三角学的时候更是如此。假如我们想测量平原的某一点到一座山峰的距离，这时没有能让我们放量尺的路线，最简单的办法是用光。毕竟，我们看见山峰了，那是光从它回到了眼睛。那么，为什么不用光来确定距离呢？我们只需要相信，光是沿我们用量尺所定义的最短距离的直线运动的。于是，我们可以选一根基线，用传统办法测量，然后从基线的两端看那山峰，注意由视线与基线所构成的两个角。用平直空间的三角学定理，我们就能计算出那个距离，结果跟我们想用的其他方法得出的相同。所以，在地球的大小，空间是欧几里得的。我们所用的方法就是有名的视 52
差法。

如果想知道到一颗星的距离，那问题就尖锐了。首先，需要用一种可行的基于光线的方法。于是，我们把直线定义为光经过的路径（关于这一点，没有什么选择的余地）。然后，以地球绕太阳的轨道直径作为基线，假定空间是平直的，用山峰例子里的办法，我们就能算出距离来。

假如空间是弯曲的，我们可能会得到错误的结果。知道一些第四维常识的人会看到，我们的光实际走的是曲线。我们没有第四维的经历，只好让光来决定我们的直线，并且在必要的时候在非欧几里得几何的框架下来计算。现在我们仍然相信，除了在大质量物体的附近或者在宇宙学的尺度，欧几里得几何是很好的近似。

空间的尺度

几何就说这些。现在来看看我们先前引进的单位量杆。长度的单位叫米，曾经被定义为经过巴黎的那条经线从赤道到北极点距离的千万分之一（10^{-7}），然后被定义为一根特别的铂铱合金棒的长度，而现在定义为氪-86原子发出的橙红色谱线的真空波长的1650763.73倍。我们既乐意让光来定义直线，当然也可以让一束单色光来做长度的标准。[1] 实际上，我们还用波长的百分之一来做最小的单位，从上面那个数的两位小数能看到这一点。这意味着，如果实验技术足够好，我们可以直接测量任何一个长度，从百分之一的氪原子光波长到视差的三角学方法所能推及的距离，粗略地说，就是从10^{-8}米（100Å）到10^{18}米（约100光年），约26个数量级的范围，小到DNA分子的尺度，大到邻近恒星的距离。

53 离开这个范围越远，长度越不确定，而且会越来越依赖于我们的理论。在天文学里，通过一种利用变星的办法，可以令人信服地将距离远推到10^{22}米（10^6光年），这把我们带到了银河系（10^{21}米）以外，来到邻近的星系。更进一步，我们大概还可以考虑将距离推到宇宙的边缘（10^{25}米，或10^9光年）。不过，在这么大的距离上，最可能的数据也只能作一点参考，只要有更可靠的数，我们随时都准备抛弃它们。我们知道，新的发现或新的理论随时可能出现，这些距离可能会差十倍、百倍。

在另一头，利用X射线和电子的波动性质，原子领域内的测量可以精细到10^{-10}米（1Å）。首先，我们得确定波长。不论X射线还是电子，通过理想晶体的衍射现象为测量提供了方便，这依赖于原子理论、晶体结构的坚实基础，也依赖于密度的测量和经典的波动理论。不论用X射线还是用电子，我们今天测量1Å量级的距离，就像拿米尺测量一根弦的长度一样熟悉。不过还得说一句，虽然很熟悉，却需要克服

1. 米的定义随技术和理论的进步而改变。铂铱合金棒（“米原器”，与后面讲的铂铱“千克原器”，都在巴黎国际计量局）是1889年开始使用的标准；^{86}Kr的谱线定义是1960年通过的。1983年，国际计量大会通过了米的新定义：“米的长度等于在真空中的平面电磁波在1/299792458秒内所经过的距离。”这个以物理学常数（光速）为标准的定义，更好地满足了理论和实际的需要。

百倍的困难。

在比原子还小的尺度下测量，需要提高精度，这得靠越来越短的波长。考虑到原子的结构，可能有人盼着下一步去确定基本粒子的大小，但在这里，我们要小心。

提一个简单的问题——电子有多大？因为电子有波动特征，所以这个问题相当于问光子有多大。不过，问题显然没那么简单。首先，应该认为与一定波长相关联的光子占据着整个波包区域，而那可 54
以是任意大小的。最小的波包大约是波长的立方，所以，在某种意义上，我们可以认为光子就那么大。光子不像台球，没有固定不变的大小。同样，电子也是波，不可能比波长更小。由于电子波长随速度增大而缩短，所以没有一个确定的大小。基本粒子的大小不是一个独立的概念，离开了动力学的能量和动量，它就失去了意义。

现在明白了，在原子尺度以下，距离不能直接测量，其实，它成了某种不相干的东西。重要的参量是动量，那是可以直接测量的动力学量。尽管动量通过作用量子与距离相连，但在原子核和更小的尺度上，我们并不需要借助那个关系来描写物理学。我们还将看到，能量会以类似的方式取代时间。在亚原子的尺度下，我们更喜欢用能量和动量的概念来思考，而完全不管周期和距离。

在离开这个话题以前，我们还来看一个比讲过的那些距离小得多的长度；这是一个纯理论的长度，来自几个基本常数，即引力常数 G，普朗克常数 h 和光速 c。这个长度为 $(Gh/c^3)^{1/2}$，大约是 10^{-35} 米。这样波长的光子才真是能量巨大的。谁也不知道这个长度到底有没有意义，有什么意义。也许它暗示着我们还要走多远。现实情况是，我们规划的最大加速器所能产生的粒子，其能量还远远比不上宇宙线中的高能粒子。

55　最后，有必要再来强调一下距离所表现出的巨大范围。也许，最短的有意义的距离是所谓的质子的康普顿（Compton）波长，10^{-15}米，那是高能γ射线“看到的”质子所表现出的大小。（顺便说一句，电子的康普顿波长大得多，约为10^{-12}米。）最大的有意义的距离是宇宙半径，10^{25}米。两者相比是一个大数，10^{40}。我们对长度的测量应该能够覆盖这40个数量级的范围（图3.4）。

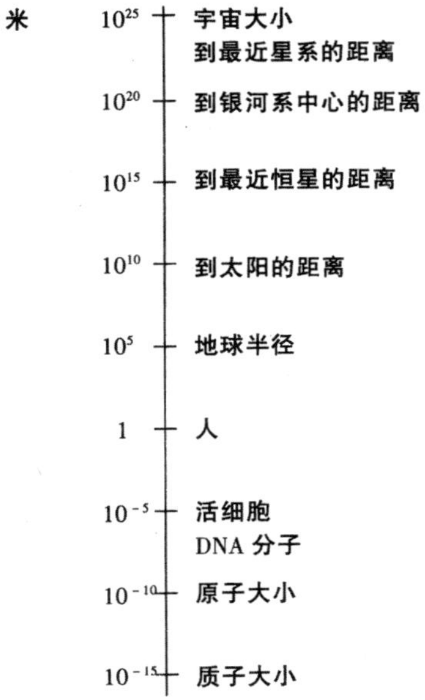

图 3.4　空间的尺度

第 4 章
时间

To choose time is to save time.

—— Francis Bacon: *Of Discourse*[1]

时间的测量

总的说来，时间是更能把握的东西。我们都能真切地感觉事件以 57
一定次序发生，一个跟着一个。不论事件发生在身外还是体内，我们都能确定次序，分辨先后。如果不经历事件，则时间将失去意义。时间与事件，是一条分不断的链。

为测量时间，需要一个事件的参考序列，我们把它们记作1，2，3，等等。如果一个事件刚好在某个参考事件（如44）发生的时刻发生，我们就获得了它发生的“时间”。我们不用自己体内发生的事情来作参考，因为时间的测量应该与别人交流，而两个人所感觉的各自的时间不可能很精确地一致。所以，我们需要依靠一种公共的事件序列来

---

1. 作者记错了。这句话不在培根（Francis Bacon）《论说文集》（*Essays*）的《论辞令》（*Of Discourse*），而在《论敏捷》（*Of Dispatch*）中。原文的意思是“选择时间就是节省时间”。但在这里，save似乎有不同的意思，应该说，“选择时间就是挽救时间”—— 看了正文读者会明白这一点。

决定时间，就是说需要一条时间的轨道，那就是钟。就现在看，时间似乎没有超过一个自由度的表现，所以是一维的。假如发现某些时间以不同的轨道与其他时间相关联，我们就得考虑多维的时间了。不过，到目前为止，我们有一个单独的事件序列已经够了，尽管还有什么鬼怪、心灵感应和那个威尔斯。[1]

58 如果说，我们为了测量时间所需要的就是一个事件序列，那么任何事件都是可以的。想象一种甲虫的钟。在一张方格纸片上放一只甲虫，让它在纸上爬。甲虫每经过一条线，就“嘀嗒”一响，过了1“甲虫秒”。换句话讲，我们这里用的事件是甲虫从纸上的一个方格走到相邻的另一个方格。这真是很可笑的钟，为什么呢？

一个问题是，我们得一直盯着那甲虫，记着它的“秒”。如果我们走开又回来，就不知道过了多少甲虫秒。好一点儿的办法是把纸裁成圆的，划分相等的几块，标上1，2，3，等等（图4.1）。现在，如果我们离开时甲虫在第21块，回来后在第54块，那么我们知道，33“秒”过去了。

但是，如果我们回来时甲虫在第10块呢？时间往回走了吗？直觉告诉我们，不是那么回事。另外，如果甲虫在第21块睡着了，时间就停止了吗？我们没有那样的感觉。所以，尽管我们有了一个事件序列，但甲虫钟却是不行的，它不能满足我们的时间流感觉。同我们的感觉比起来，甲虫的时间捉摸不定，甚至还可以倒流。我们相信，它不可

---

1. 威尔斯（H．G．Wells，1866—1946年）在1895年写的幻想小说《时间机器》破坏了一维的时间序列，它留下的怪圈现在还令物理学家头疼。

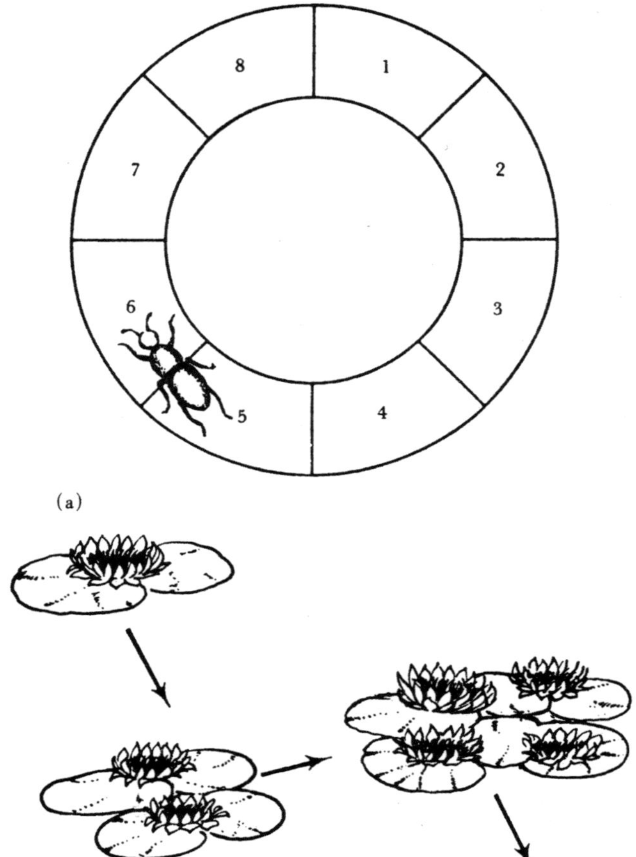

图 4.1 （a）甲虫钟 （b）睡莲的时间

能为我们提供一种简单的联系其他事件的方法。

甲虫钟最令人讨厌的地方在于它会随机行走。睡莲为我们提供了更令人满意的事件序列。池塘里的一朵睡莲，过一会儿将分成两朵（图4.1）。然后，两朵分成四朵，四朵分成八朵，一直分裂下去。这具备了钟的基础。为了说明睡莲的时间，数数花瓣儿就行了。假如我们离开时花是32朵，回来是256朵，那么224个“睡莲秒”过去了。[1] 睡莲钟没有变化无常的本性，时间很容易确定下来；而且，它不会停歇，也没有开头和倒流。即使这样，睡莲钟还是不能用。

让我们再离开一会儿，感觉与上次离开的时间一样长，回来的时
59 候，花是2048朵，说明过去了1792秒。我们感觉的224秒成了1792秒。时间比我们想的过得更快。花朵越开得多，这问题越严重。似乎一切都慢了，而且越来越迟钝。生命的节律仿佛正随着渐缓的音乐，一点点地慢下去。这样，又一个理想事件序列不能满足我们对时间的
60 直觉。凭我们的直觉，睡莲的时间是以指数方式增长的。我们将看到，找一个与我们的时间感觉相适应的钟，比用一个像睡莲那样的钟，要容易得多。从简单性考虑，选什么都是任意的。但是，谁能保证我们选择的钟不会天生越来越慢或者越来越快呢？

经过漫长的时间，我们选择地球来做我们的钟。地球的自转提供了一个事件序列，而基本的事件是太阳在每天正午在天空达到最高点。这样的钟，是我们经验的一部分，实际上也是人类生存的一部分，当然不可能与我们的时间直觉相矛盾。不过，即使这样，如果不定出一个大家能接受的时间单位，那钟还是存在着小小的非均匀性、不规

---

1. 这可能有点儿问题。32朵睡莲“一会儿”就分裂成了64朵，然后128朵、256朵……这样的话，“睡莲的时间是以指数方式增长的”，我们应该记住那指数，从32朵到256朵，时间只过了3“秒”。下面说的“感觉”的问题，也与不同的计数法有关。

则性和长期的运动变化。于是，我们定义一个平均太阳日的1/86400为1“太阳秒”，而太阳日是根据两个相继春分点间的时间（即所谓的“回归年”）平均计算的。为了考虑长期变化的情况，特别以公元1900年作为标准。不论怎样，地球还是跟甲虫一样独特，虽然不那么难以预料；它也有自己古怪的行为，终于在我们拿它来定义“米”的时候，发现它并不能满足我们的要求。

电磁辐射又一次为我们建立了标准，这一次是铯-133发出的辐射。一列波——它的波峰或者任一确定的相位——带来了自然的事件序列，而秒就定义为铯辐射9192631770个周期的时间间隔。这个频率大约为9吉赫兹（90亿赫兹，波长约3厘米）的辐射，落在电磁
波谱的微波区段，也就是雷达所用的波段。低一些的标准很容易做成 61
电子计数器式的仪器，能计数频率为几亿赫兹的事件。取样示波器能直接测量10^{-10}秒（100皮秒）的时间间隔，而电子光谱分析仪可以测量400亿赫兹的电磁波。利用固体的性质，还可以将直接测量的频率远推到红外光谱的区域。固体中的电子对电磁波产生可测的反应需要一定的时间，那个时间便是测量的极限。不同的固体有不同的反应时间，10^{-14}大概是一个较为典型的量级。自电子仪器发明以来，反应时间在不断减少，从毫秒到微秒减到纳秒。最近，皮秒（10^{-12}秒）也成了电子学语言中的一个重要词汇。但是，比皮秒还短的激光脉冲已经出现了，于是我们会更多地听说飞秒（10^{-15}秒）。[1] 飞秒脉冲的麻烦在于，因为它的波长比毫米小得多，我们很容易弄错它的位置。这是电

---

1. 这儿出现的几个小数名称，毫、微是借传统汉字的意思，纳（nano）、皮（pico）、飞（femto）[另外还有一个阿（atto）]则是音译的（过去也曾用纤、沙、尘、渺等表示微小的汉字）。顺便说一句，大数在百万（M，或兆）以上的汉语表示为吉（giga，G）、太（tera，T）、拍（peta，P）和艾（exa，E），也是音译的（过去也借用过京、垓、秭、穰等表示大数的汉字）。参见附录2。

子脉冲的不幸，而电子学又将它让给了光子学——不管那是怎样的学问……

时间尺度

不过，有人可能会问，既然无法直接测量，我们怎么知道固体中电子的反应时间在10^{-14}秒左右呢？答案来自我们根据固体理论所做的推测，对那个理论我们是很有信心的。这时候，实际进行的测量，一点儿也不像在测量时间，但将测量结果带进理论表达式，就能得到时间。准确些说，我们得到固体的某个量，它在一定条件下具有时间的量纲（单位）。

我们也可以用差不多相同的办法测量可见光的频率。还没有人直
62 接测量过10^{15}赫兹的频率，也没人怀疑那是可见光的频率大小。然而，实际测量的是波长和速度，频率很容易从简单的波动理论推导出来。波动理论还能让我们得到波长在埃斯特伦（Ångström）[1] 范围内的X射线的频率，大约是10^{18}赫兹。从这点说，10^{-18}秒的时间也是可以“测量”的。

比这更短的时间跟比原子更小的长度一样，是没有什么实际意义的。如果要测量γ射线两个波峰间的周期，我们实际上会测量γ光子的能量，相对来说那更直接。γ光子是量子粒子，却携带着作用量子h，

---

1. Ångström，Anders Jonas（1814—1874年）是瑞典物理学家和天文学家，是光谱学的开拓者。1868年，他在《太阳光谱研究》一书中断言太阳中存在着氢。还公布了1000条夫琅和费谱线的波长，以10^{-8}厘米为单位，测量到6位有效数字。从1905年起，他的名字就被正式作为一个单位，1Å（埃）=10^{-8}厘米。

即能量与波动周期的乘积。所以，如果知道了h和能量，就能计算出周期。有实际意义的正是我们直接测量的能量，与γ射线相连的时间却是次要的。当然，在无线电波的情况下，周期更容易测量，光子的能量便成了推测的东西。能量和时间，是通过作用量子联系的一对共轭物理量。从这个意义上说，小周期总伴着大能量。

物理学中所能推测的最小的时间，是光通过10^{-35}米需要的时间。那个距离是我们在前一章最后根据基本常数得到的。那时间是10^{-43}秒，显然，是一个纯理论的常数，目前对我们认识自然还起不了什么大的作用。也许，有实际意义的最短时间是某些短命的基本粒子的生存时间，那可以通过测量照片上的径迹长度计算出来。照相感光乳胶的颗粒不可能比10^{-6}米更细，一个以近光速运动的粒子要留下径迹，
寿命至少应该在10^{-14}秒以上。大量同类事件的统计分析在粒子寿命 63
短到10^{-16}秒时也能得到有意义的结果。这些过程跟确定X射线的频率一样抽象。不过，测量更短的粒子寿命，说到底就是测量能量，利用作用量子。凭这种办法，短如10^{-23}秒的粒子寿命也能测出来。能量越大，寿命会越短。随着粒子加速器规模不断增大，我们不但能够逼近越来越小的距离，还能把握越来越短的时间。

在时间尺度的另一头，我们需要时钟来测量极长的时间间隔。我们想知道考古学发现的地下遗址的年代，想知道地质学家发现的岩石的年龄，想知道地球自身的年龄，还想知道宇宙的年龄。最成功的一种钟是放射性原子。我们曾用它来测过地球上许多事物的年代，也包括从天上落下来穿过地球大气层而幸存的陨石。放射性钟像倒转的百合花钟。一定量的放射性元素在一定的时间里会有一半衰变为其他的

元素，那时间就是我们知道的半衰期。天然发生的放射性原子的半衰期有几秒的，也有几十亿年的。如果我们幸运地在想知道年龄的什么东西里发现了放射性原子，那么，根据仔细地测量和半衰期，我们就能推测出自那种原子进入所测物体以来，经历了多长的时间。用这种方法，我们确定了太阳系和地球的诞生是在4.5×10^9（45亿）年前。

为确定宇宙尺度的时间，我们没有别的办法，只能以光作为时钟。
64 这需要知道星体和星系离我们多远；而且，在前一章我们讲过，天文学距离的测量是不那么容易和直接的。如果真的知道了恒星的距离，根据光速我们就能知道光从恒星来到地球经历了多长时间。距离与时间的密切联系体现在一个天文学的长度单位里：光年——光在1年里走过的距离。人们发现，星系离我们越远，它离开我们的速度越快。我们假设这是由一场巨大的爆炸引起的结果。在“大爆炸”理论中，这场原始爆炸发生在大约10^{10}年前（图4.2）。

我们看到，像空间一样，时间也呈现出巨大的跨度。从最短的有意义的10^{-23}秒到最长的10^{17}秒（10^{10}年），相距10^{40}倍。这个因子在空间里也出现过——一点儿不奇怪，因为光速直接地将时间与距离连在一起了。光在联系空间和时间中所起的作用，在下一章里还要更深入地探讨。我们那时会发现，那种联系实际上比我们当初想象的要密切得多。

时间的选择

长度的标准和时间的标准都是由电磁波决定的。有了这些标准我

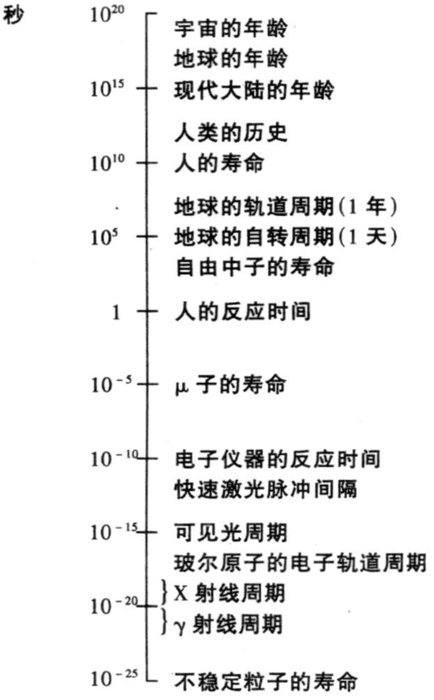

图 4.2　时间的尺度

们才能确定光速，那是电磁理论的基本常数，2.997925×10^{8}米/秒，精确到10^{-6}。很多物理学家相信，更好的单位定义系统应该以光速为标准，而不是以长度为标准。这样，米应该用光通过那段距离的时间来定义。[1] 这种方法的好处是，在不可能放置量尺时，它也符合实际测量的距离，比视差法简单多了。如果我们向月球发出一束激光脉冲，测出反射的时间，就很容易得到距离。为实现这个目标，我们只需要 65

1. 在前一章关于米的定义的脚注里，我们已经看到了这种新定义。那个定义里的光速是定义的，没有测量精度的问题。另外，铯原子钟的精度已达到10^{-16}。所以，作者在后面讨论的“障碍”，基本上已经没有了。

一台脉冲发射装置，一台检测反射信号的仪器和一只以铯辐射为标准的钟。所有的事情都能在一个地方完成。另外，如前一章所说，光的路径还为直线提供了一个很有用的定义。

66　目前，这个方案的实际障碍在于，用流行标准定义的光速只有10^{-6}的精度，与长度标准的10^{-8}的复现不确定度和原子钟的10^{-12}的复现不确定度相比，差得太远了。如果我们用前面的那个光速数值来重新定义“米”，就会与旧的长度标准产生很大的差异。只有在确定速度的精度完全限定在由已有长度标准的复现不确定度以内，障碍才会消除。（也许已经消除了——最近的光速不确定忙为0.004×10^{-6}。）

不过，主要问题还不是关于标准的，而是应选择什么样的电磁辐射来为空间和时间定量。我们现在做的，是在带电粒子（通常是电子）与光子相互作用的基础上定义一个参照系。这些电磁相互作用构成一个可以定义时间的事件序列。这实际上是很好的选择，因为电磁学定律在大多数科学中都占着统治地位。但是，我们将看到，这意味着与电磁相互作用无关的现象，如引力、弱相互作用和原子核事件，将在完全不同的框架下表现出来。事情大概就是那样。这是大自然隐藏的统一，并没有什么疑难，那框架显得不同只是因为我们对世界的认识还不够。通常我们这样想，不过是为了避免每一种相互作用都面对一种特别的空间和时间。想想看，如果为了把问题简化到我们能够把握的程度而不得不去面对引力时间、中微子时间、电磁时间和原子核时间，那该会增加多大的复杂性啊！不过，那还是可能的，就像我们引来的那个空间的第四维，我们把它从空间里取出来，又时不时地把它扔掉。

时间箭头 67

尽管我们强烈地感觉时间是某种一直往前流动的东西，但在运动的定律中，不论力学的还是电磁学的，都没有一种事件能够区分时间是向前的还是倒退的。如果把两个粒子发生碰撞的电影倒着放，物理学定律能像描述碰撞那样很好地描述这一倒转的过程。有时候，我们真拿它来做理论描述。例如电子和它的反粒子伙伴正电子一起运动，然后湮灭放出 γ 射线，可以很好地描写为电子向前运动，发出 γ 射线，然后反着时间运动。这个反时间运动的电子，等价于一个向前运动的正电子。不过，这只是一种过程的数学把戏，与真实事件没有一点儿关系。不管怎么说，相互作用定律与时间倒转无关，实在是太奇怪了。

只有在大量粒子的行为中，“时间箭头”才会表现出来。一个系统存在着一个统计量，在所有反应中它都保持不变或者增大。这个量叫熵，与随机的程度密切相连；描述熵的行为的定律是热力学第二定律，是一个统计学的定律。系统的一部分实际上可以降低熵，许多作者就把生命本身作为一个熵不断减小的例子。但是，系统的总熵总是随一切反应的发生而增大的。随着时间流逝，事物越来越无序。时间总在增长——熵也如此。以后我们还会再回到这个话题。

在热力学中寻找时间箭头，眼光是不是太短浅呢？我们也可以在宇宙学中去寻找。看那膨胀的宇宙，时间增长，星系间距离也增长，
这会不会以某种方式与时间密切相连呢？假如宇宙收缩，会有什么不 68
同吗？另一方面，相互作用的定律也许会变得没有时间的对称，毕竟，

在基本粒子王国，我们已经发现了那种箭头（见第7章）。答案还是那句话，只有时间能告诉我们。

时间是虚的吗

时间也许像宗教神秘主义者常宣扬的那样，是虚幻的。虚幻时间大概能摆脱时间的起点和终点的问题。

> 可是，
> 思想是生命的奴隶，
> 生命是时间的玩偶，
> 而纵览世界的时间，
> 总有它的尽头。

莎士比亚笔下的霍茨波看到了问题的大部分，[1] 而宇宙学家看到了其余。在时间的开端是无限的密度，从而有着无限的时空曲率。时间就这样开始——是吗？霍金（Stephen Hawking）设想，未来的量子引力理论会消除一切时空边界，使时空像地球表面那样，是有限的，却是无边的。这种独特的天才的时间起源将依赖于虚时间的数学概念——时间乘以−1的平方根。让时间乘上−1的平方根，意味着它在一切运动方程里都变成一个空间坐标。广义相对论告诉我们空间可能是弯曲的，那么时间为什么不能弯曲呢？这样描绘的世界是一个虚幻的宇宙，物理学定律处处能用，时时能用。它至少挽救了物理学，不让它走到尽头。

1. 引的那几行句子是莎士比亚《亨利四世·上篇》第五幕第四场里霍茨波死前说的话。

第 5 章
运动

The spirit of the time shall teach me speed.

—— Shakespeare: *King John*[1]

对物理学来说，纯静态的事物在概念上其实是没有多大意义的。69
它们可以用来作为进行比较的参照系，或者作为某些极限情形，但根本说来，它们是很肤浅的。我们主要关心的是变化。一个物体所能发生的最简单的变化是它保持自身的特性从一个位置移动到另一个位置。万物都在运动，这个事实已经影响了我们的空间观念：空间应该是三维的；因为运动，我们还必须有时间的概念。另外，运动也是某些物理事物的基本构成要素，例如机械波和电子的自旋。然而，我们将看到，更重要的是，对运动的完全认识会拓广和加深我们对空间和时间的认识，而且会激发我们认识一个奇异而真实的世界，与我们日常经历的那个世界大不相同。

看看我们周围运动着的事物，那复杂是可怕的——在风中抖动

1. 在莎士比亚《约翰王》第四幕第二场中，约翰王叫庶子腓力普，“愿你做一个脚上插着羽翼的麦鸠利，像思想一般迅速地从他们的地方飞回到我的身边。”腓力普回答的就是上面引的那句：“我可以从这激变的时世学会怎样迅速行动的方法。”（朱生豪译）不过在这儿，作者借的是字面的另一个意思，大概说，“我应该从‘时间’的本质学会什么是‘速度’。”

的树叶，在地上打滚撒娇的小猫，演奏前调音的乐队……跟从前一样，我们寻求物理学中的简单，而最简单的运动是事物在直线上的运动。如果能在这个简单情况下弄清概念，那么一个复杂的运动或许可以分解成多少简单一些的成分，以那种简单的方法去理解。

速度测量与时间同步

我们现在来看如何描述在铁路上运行的一列火车的运动。我们不
70 打算管它“内部的”运动，如车厢的颠簸；我们只考虑火车头在轨道上的运动，忽略其他的东西。于是，我们在铁路边选一个位置A，记下火车头经过我们的时间。这只能告诉我们那一刻的时间和火车在运动着。为了定量地知道它*如何*运动，还得请一个助手拿一只标准的与我们一样的钟，到铁路前方的B点，等着火车头从他身旁经过，并记下那个时刻。然后，测量距离AB，我们就能说出火车运动的一个最简单数据，即火车走了多少米，经历了多少秒，当然，别忘了注意方向——火车是从A开到B的。这样，我们便有了火车的速度，一个导出的物理量，有大小——每秒若干米——也有方向——在直线轨道上从A到B。速度是矢量的一个例子。还有比我们的这个测量方法更简单的吗？

答案是，几乎没有了。但是应当知道，在时钟校准的问题上我们做了一个很重要的假定。在A点两个钟保持相同的时间，这是没有问题的。但我们如何知道助手的钟在被拿到B点以后还能保持与我们同步呢？我们很清楚，B点的时间可能以不同的速率流逝。当然，我们仍旧可以*假定*钟总是同步的。在庞加莱（Poincare）和爱因斯坦之前

的1900年左右，所有的人都曾那么认为。现在，如果没经过实验检验，我们对任何假定都不能太当真。我们只有用这个方法来区分物理学与形而上学——区分事物实际的行为方式与我们所希望的行为方式。我们喜欢钟在分离后还能保持同步，因为这很简单。但是，我们必须 71
抛开偏爱，让实验告诉我们那个假定是对还是错。

问题是我们要把B钟的信息带给A，以便比较两钟的读数。所以，我们那位在B点的助手记下他的钟点，牢牢记住，飞快地沿铁路跑向A。到A后，他读出A钟的时间，并与他记下的B钟的时间相比较，钟不再同步了！B处的钟显然走慢了。B钟当然会显得慢了，因为我们看到把信息从B带到A还经历了一点时间。很明显，我们需要一种能在两钟之间瞬时转移的东西。不幸的是，谁也不知道有什么办法能在瞬间地传递信息。

当然，那助手用不着从B跑到A，他能找到更好的办法。比如，他可以骑摩托，甚至还可以喊，让声音把消息带过去。最好的办法是用电磁波。实际上，最简单的办法是用望远镜来看B处的钟。这样，A处的钟就能直接与看到的B钟进行对比。即使这样，精确地比较发现，B处的钟比A处的钟还是显得慢一些。幸运的是，只要不把钟移得更近或者更远，那个时间差将保持不变。为理解这一点，我们可以想想，传递信息的光用了多少时间。我们的助手需要一定时间来传消息，光同样也需要时间才能从B处的钟通过A处的望远镜到达我们的眼睛。这种时间延迟的差别只是数量上的，它对光来说很小，却是确定的。

假如我们知道时间延迟是多少，也就能说钟是不是还同步。只需

72 要从*A*钟记录的时间里减去延迟的时间，再拿这个早些的时间与从望远镜看到的*B*钟的时间进行比较。如果两个时间相同，钟就是同步的。问题就这样解决了。我们要做的是测量光速，然后从*A*、*B*间的距离导出时间的延迟。且慢！别忘了，我们是在测量火车的速度，如果不先把同步问题解决了，那测量是无法进行的。不解决时间同步的问题，就不能测量任何事物的速度，也包括光的速度。

我们碰到了一个美妙的陷阱。为测量速度，我们得测量空间不同点的时间；为此，我们还得检验钟从一点移到另一点后是否还保持同步。为检验同步，我们又需要知道光的速度；而为测量速度，我们得测量空间不同点的时间……

只要我们将一个系统割裂成不同的部分，又想在不顾其他部分的情况下去认识某个部分，就总会发生上面那样的问题。在像宇宙一样的封闭系统中，不能那么做。我们所能做的，不过是用世界的一点去考察另一点。这样，某一部分的性质总是相对于另一部分而确定的。

光速与时间

在现在的情形，我们决定以光作为参照对象，因为它是我们所知跑得最快的东西，而且它还是电磁波，而电磁又是物质结构的基础。把光速作为大自然的一个基本常数，它的数值由真空的电磁性质根据电磁理论来确定，这样我们就跳出了那个陷阱。从原则上讲，我们必须为那常数选一个值，因为它的测量是没有意义的。在实际应用中，
73 我们只需要假定钟在一定的测量中保持同步，从而导出一个我们所说

的光速的物理量。然后，我们用这个值来计算任意状态下的时间延迟，由此确定我们所谓的同步是什么意思。

所以，我们走出困境的办法，就是为光速假定一个值，然后照上面说的方法约定如何定义离我们的标准钟一定距离处的时间。实际上，助手和钟都可以省了；只要能产生和接收光脉冲，我们可以完全靠自己来做测量。假如我们有那样的仪器，有一只在A处的标准钟，那么，我们可以让光脉冲自B反射回来，这样不仅能够确定B处事件的时间，还能确定它离A有多远（图5.1）。我们具体要做的是，记下脉冲离开和返回的时刻。我们*定义*在B处反射的时刻正好在A处所测两个时刻的中间，而且还可以定义A、B间的距离为光速乘以两个时间差的一半。于是，A钟的两个读数既定义了时间，也定义了到B的距离。用这么干脆的办法，我们测量了距离，确定了远处的时间，从而也筹划着世界。现在，我们能测量火车和其他东西的速度了，而且我们也认识到，这样的测量只有在上面的约定下才有意义。

在试着测量运动时，我们发现实际存在着两个时间。由我们的标准钟定义的“这里的时间”和在某个距离外的“那里的时间”，而它最终还是由“这里的时间”和光速来决定的。不过，我们“这里的时间”，在别的观察者看来则是他们“那里的时间”。这两个时间是一致的吗？是的，只要那些观察者相对于我们是静止的。伦敦，纽约，北京，悉尼，都有一致的时间，因为它们之间没有相对运动（忽略大陆漂移）。

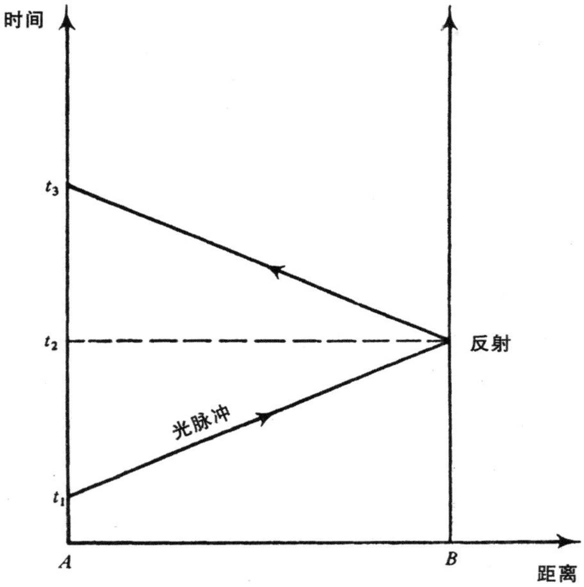

图 5.1　时空图，定义“这里的时间”和距离

A处的钟测量“这里的时间”：t_1，光反射的时间；t_3，探测反射回来的时间。“那里的时间”即反射的时间t_2，定义为

$$t_2=(t_1+t_3)/2。$$

A、B间的距离定义为

$$x=(t_3-t_1)c/2，$$

其中c是一个普适常数，即我们知道的光速。从这些一个个的定义，我们可以得到狭义相对论的所有特别的结果。

相对论

如果其他观测者在运动，会发生什么事情呢？事情不那么简单。

74 对他来说，我们在运动着，所以他得定义在不停变动着位置的“那里的时间”。当然，他必须用我们所用的工具，遵守相同的约定，否则我们就不能以相同的语言来对话了。一个以均匀速度相对于我们运动的观测者所测量的东西是很容易推导出来的（爱因斯坦曾在他的狭义相对论里向我们说明那有多容易，表5.1）。尽管算起来容易，结果却令人困惑。爱因斯坦的狭义相对论说，那个运动观测者会发现我们的时间比他的流得更慢，我们的物体似乎被旋转了一定的角度。同样，如果我们看他和他的运动实验室，也会发现他的钟走慢了，他的物体旋 75
转了。物体的旋转，部分是由相对运动方向上长度的相对论收缩引起的，另一部分原因是，在静止时看不见的边，现在能看到了（图5.2）。

表5.1 运动物体的相对论效应

长度收缩	沿着运动方向的长度似乎缩短了 $\sqrt{1-(v/c)^2}$ 垂直运动方向的长度不变
时间膨胀	运动的时钟慢了 $\sqrt{1-(v/c)^2}$

v=相对速度，c=光速。

在他看来，运动物体似乎在一个长度缩短而时间膨胀了的坐标系里活动；我们看他的世界也能得到完全相同的结论。让我们两家来看同一个现象，例如看μ子的产生和衰变，我们对时间和距离会有不同的看法。假如μ子相对于那个观测者不是运动得很快，他会测得μ子寿命大约是1微秒。假如μ子以近光速相对于我们运动，我们会看到它的寿命长得多。在我们看来，μ子从产生到衰变大概走过了10千米。在快速运动的观测者看来，那段路程要短得多。显然，我们关于“这里的时间”和距离的约定产生了一个结果：这样的时间和空间的测量纯粹是相对于观测者的。

当我们约定的时候，那约定是寻常而简单的；当我们考虑匀速运

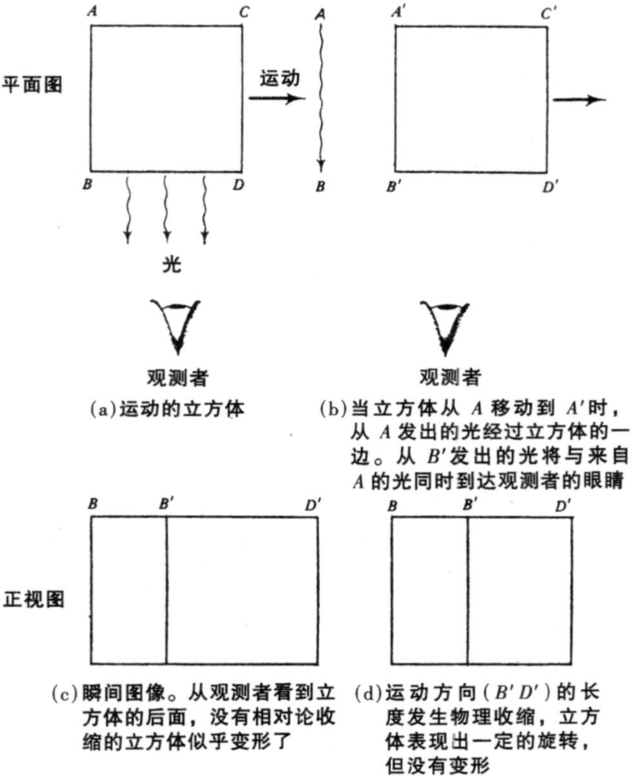

图 5.2　观察者看到的快速运动的立方体

动的观测者时，它却产生了奇怪的结果，为什么？惊奇来自每个观测
76 者都采用的相同的光速值。一方面，这么用是完全合理的。光速在电磁学的麦克斯韦方程中是一个基本物理常数。而且，牛顿曾指出：在没有力的作用下，匀速运动是事物的自然状态。因为没有什么东西可
77 以认为是绝对静止的，一切匀速运动都是相对的。一个匀速运动与另一个匀速运动是平等的。自然律不应依赖于相对速度，从而光速对一切匀速运动的观测者来说必须是同一个基本常数。所以，不同的观测

者采用同一个光速值来描述他们的时间和空间，不仅是合理的，而且是不可避免的。

另一方面，经验告诉我们似乎不同的事实。假如我们坐在以100千米/时行驶的小汽车上，向车后以相对于汽车20千米/时的速度扔出一个苹果核。我们知道，人行道上不以为然的绅士先生会看到苹果核以80千米/时的速度从身边飞过。相对于我们，苹果核的速度是20千米/时；相对于那位先生，速度是80千米/时。假如果核是一个光子，那么不论路上的人还是车上的人，都会同意它在以光速运动——汽车的速度不起一点儿作用。这样看来，光子是很不寻常的东西。光子相对于一切观测者以光速运动，不论观测者运动有多快。简直疯了！

我们的约定预言了可笑的事情，是不是该放弃它？或者，我们是不是不应再相信物理学定律在匀速运动的观测者中间是不变的？跟以前一样，只有实验能够判决，而实验明明白白地告诉我们，这个约定符合事物的物理学行为方式。我们曾不得不接受一个事实：在小尺度、短时间或者在大尺度、长时间的事物会越来越远离寻常的感觉；同样，在高速状态下，事物也超越了我们的经验而显得很奇怪。

我们所熟悉的时间和空间不过是我们自己感觉基本实在的一种方式，我们习惯称它为四维时空连续统。每一个观测者都会“看见”[78]时空以一种特别的方式分裂成一维时间和三维空间。假如什么人或者某个神秘的观测者所“看见”的事情与自然物“看见”的不同，那当然是没有意义的。不过，事实上，以近光速运动的基本粒子的行为表明，它们似乎真“看见”时空分裂了，那是以同样速度运动的观测者也都能“看见”的。这样说来，μ子在高速状态下确实能存在更长的时间。实验告诉我们，运动方向上的长度确实缩短了。如果我们近光速地旅行，相对于地球时间来说，我们也会活得更长（尽管我们感觉不出什么不同）。事情真的像狭义相对论说的那样。

虽然相对论把时间和空间融合在一起，上面谈的那些依然会准确无疑地发生。一个参照系的时间和空间与另一个参照系的时间和空间的关系，由一组寻常的、简单的代数方程——洛伦兹（Lorentz）变换——来描写。从一个参照系变换到另一个参照系，除了一些细节，物理学本身不会产生变化。

假如某个观测者在*A*处看到一个事件，然后在*B*处看到另一个事件，则事件*B*可能是事件*A*引发的——条件是，当且（就我们现在的认识）仅当光子或其他某种慢一些的东西能在两个事件之间从*A*传到*B*（图5.3）。如果真有光子从*A*传到了*B*，那么所有的观测者，不论相对速度如何，都会一致认为事件*A*发生在事件*B*的前头。于是，在描述原因与结果时，大家对先与后的看法是一致的，因此物理学不会受到什么影响。但是，假如光子不能从*A*到*B*，那么就会有一些观测者看到*B*处的事件发生在*A*处事件的前头。对这些事件来说，过去和未来不再是绝对的了。不过，这时候一个事件不可能影响另一个（因为
79 光是最快的相互作用的传递者），物理学仍然不会因为这个矛盾而有什么不同。因此，虽然乍看起来相对论玩弄的时间和空间会带来一个疯狂的世界，结果那世界依然是健全的，尽管有一点扭曲。仍然存在着所有观测者都认同的绝对的过去和未来。不过，相对论还是带来了

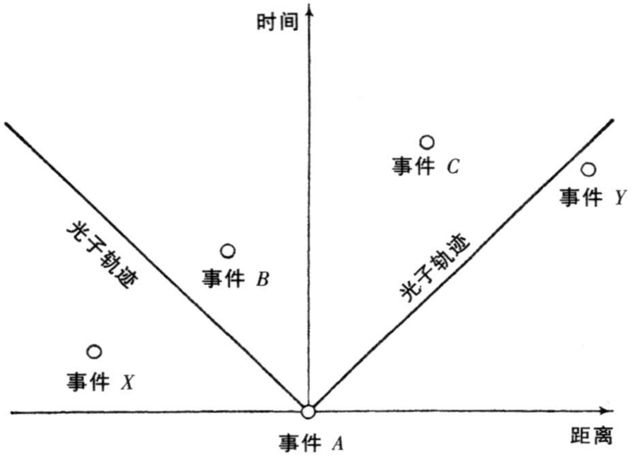

图 5.3　绝对的过去、未来和“他乡”。事件*B*和事件*C*可能是事件*A*引发的，因为在*A*与*B*和*A*与*C*间总可以有事物以低于光的速度往来。所有观测者都一致认为事件*B*和事件*C*发生在事件*A*之后。在两条光子轨迹间的区域内，一切事件都发生在*A*的绝对未来。事件*X*和事件*Y*不可能是事件*A*引发的，因为没有比光更快的东西。有的观测者会看到*X*和*Y*发生在*A*之前。因为*X*和*Y*与*A*没有物理联系，所以时序的混乱与物理学无关。两条光子轨迹下面的所有事件都发生在*A*的“绝对他乡”

一个新概念，一个关于事件的时序谁也说不清的时空区域。爱丁顿称那样的区域是“绝对的他乡”（absolute elsewhere）。 80

相对于我们运动的物体经历着不同的空间和时间。幸运的是，只有在相对速度接近光速时，我们才需要考虑这一点，在日常情况下，显不出什么重要的效应。空气分子随机游荡的速度是1000千米/时——大约相当于喷气飞机的速度，它的相对论效应偏离正常行为总共不过10^{-12}，就是说，1小时的时间膨胀只有几纳秒（10^{-9}秒）。这么小的效应，需要极精密的仪器来检验，我们能够做到，而且已经做过了。坐超音速飞机横过大西洋的游客可以庆祝一下，他到纽约时会比坐船到那儿年轻20纳秒。当然，超音速飞机未必会拿这点好处来打广告。

如果什么东西比光还跑得快，那会怎样呢？我们会感到迷惑，也感到高兴，物理学会迎来另一场革命。光定义了电磁时间和电磁空间，它的不可避免的结果是（同语反复），麦克斯韦方程在这样的时空是正确的。新的超光粒子，类似于光的情形，会定义一个全新的时间和空间。在这样的时空里，麦克斯韦方程将发生改变，光速也不再是对所有匀速运动参照系都相同的基本常数。粒子会出现额外的静止质量
81 的能量。其实，理论家的确在玩弄一些比光还快的理论粒子——这些假想的超光粒子叫快子，能很好地满足一种新的关于时间和空间的电磁学框架，只要它们的速度不会低于光速。不过，现在我们还没有发现有什么东西具有这种要命的特性。

即使有那样的东西，我们也不必抛弃相对论的观念——在彼此相对匀速运动的实验室里，物理学世界没有什么不同。在我们看来，一个均匀的速度总是与另一个平等的。如果不是那样，就会存在一族绝对的匀速运动，一个特例就是绝对静止的参照系。什么是绝对静止的，没人知道；我们相信，一样事物只有相对于另一事物才能说静止。

加速运动

匀速运动，即在直线上速度不变的运动，在物理学中有特别重要的意义，前面的讨论已经很好地说明了这一点。在牛顿以前，人们还没有认识到这种运动是事物的自然状态，他们觉得有必要去解释为什么箭离弦去后会一直往前飞，是什么在让它保持运动的呢？牛顿发现，更能带来结果的问题是，什么使它停下来？自牛顿以来，什么使运动物体停下来，以及什么使它开始运动的问题，成了物理学领域的主要

问题。而另一个显然同样有力的问题——什么让它保持运动，却被束之高阁了。我们可能会说，让事物保持运动的是魔力，但更准确些说（因为魔术本是另一大块天地），让事物保持运动的是惯性。现在有人在思考惯性的起源——以后我们会详细说——但它的物理本质却与相互作用有关，而相互作用却是通过匀速运动的变化发现的。

关于测量方法的意义，现在我们明白了，可以回到前面铁路的问
题上，为火车的运动确定物理量。我们发出一个光脉冲，让它从火车 82
头反射回来，记下光发出和返回的时间。照我们的约定，一对测量结
果确定了火车头的位置和时间。重复这个过程，我们得到第2个位置
和稍后的时间，由此可以导出火车的速度。速度是不是均匀的呢？
可以做第3次测量，得到第3个位置和时间。根据第2次、第3次测量，
我们也能导出一个速度，如果它与第一次的速度相同，运动就是匀速
的；如果不同，运动就是非匀速的。从两个速度的差和它们之间的时
间，可以导出速度的变化率——加速度。

最简单的加速度是常数的加速度。为检验加速度是否是常数，需要做第4次测量。如果在一定时间内的速度改变是常数，那么加速度是均匀的。否则，我们会测得加速度的变化。最简单的非匀加速度是与距离成正比的加速度。为检验这一点，需要做第5次测量——测10个数据。实际上，为了提高精度，我们测的数据会多得多，还用一些自动仪器（如快速移动摄像机）来帮忙。不过，根本的一点是要认识到，速度的测量至少需要4个数据才能实现，而最简单的非匀加速度需要10个数据来证实。

83

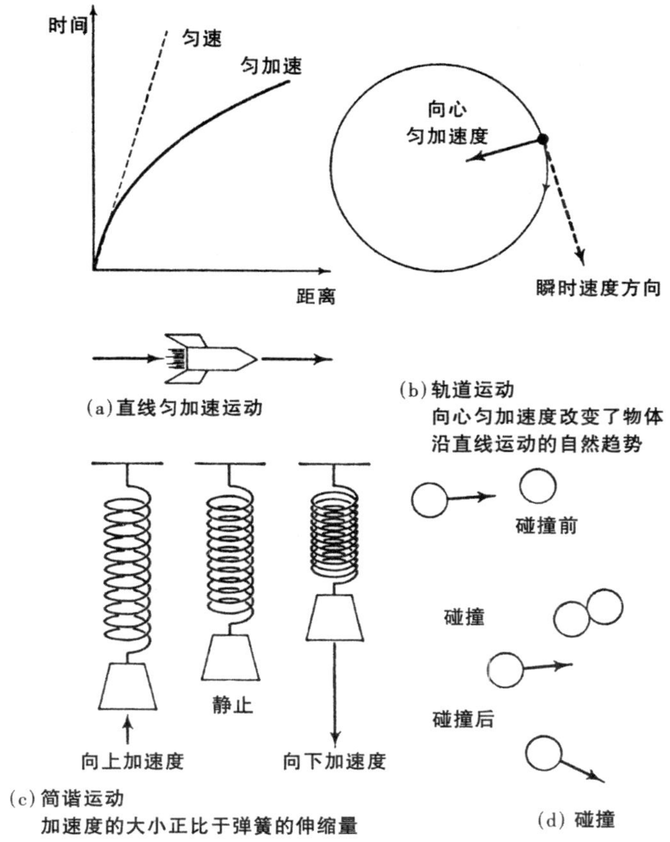

图 5.4 四类非匀速运动

从火车的运动到一般事物的运动，这些常出现在我们宇宙模型中的非匀速运动，可以分成4类（图5.4）。第1类是直线上的匀加速运动，如汽车、火车和飞机大概就表现着这类运动，一个不变的力作用在其运动方向上。在第2类匀加速运动中，加速度总是指向空间某一
84 点，如圆周运动——地球绕太阳的运动，或石头在绳子末端的飞行，

基本上属于这类运动。地球不断向着太阳加速，却总被切向运动抵消了，所以它不会逼近太阳——这种情况下，加速度没有改变数值的大小，而是改变了方向。第3类运动的加速度也总是指向空间某一点，但它的大小与离那点的距离成正比，这导致所谓的简谐运动——如荡来荡去的摆；物体产生的正弦式的机械波动；电子在正弦电波的振荡电场作用下的运动。

第4类运动更特别，发生在瞬间相互作用中，从一种匀速运动变成另一种匀速运动，或者在有限的时间里从一种简单的非匀速运动（如2、3类）变成同样类型的另一种简单非匀速运动。这类运动在量子世界里很普遍，像我们说的从一种状态到另一种状态的跃迁。我们并不在乎跃迁运动本身，那通常是观测不到的，我们强调的是跃迁前后的状态，初态和终态。这类运动的最基本事例是粒子的碰撞——电子-电子的碰撞，电子-质子碰撞，甚至两个台球的碰撞。波在边界的反射是另一个例子。在粒子碰撞的情形，相互作用可以近似地认为局限在一个粒子密切接近的时空区域；在波反射的情形，相互作用局限在边界附近。许多理论家喜欢拿碰撞去描述其他3类运动，所以他们认为这第四类运动才是基本的。

类型2、类型3是相同的运动——过一定时间间隔后总会回到原先的某个位置——振子摆动经过中心点，地球经1年后回到同一点。在这种情况下，一个位置叫运动的一个相，回归同一相的时间叫周期，
周期的倒数叫频率。这类运动的意义在于它们提供了时间测量的方 85
法——如地球，古老的钟摆，石英晶体的机械振动，铯辐射的电磁振荡……相的不断重复告诉了我们时间。

于是，我们看到这样的情形：非匀速运动为我们度量了时间，时间与空间一道为描述其他非匀速运动提供了参照系。而空间本身的度量离不开光的反射（第四类运动）。为识别物理事物，我们需要依靠非匀速运动，而非匀速运动的根源在于相互作用。

我们看下面的一个物理学概念环（图5.5）。相互作用决定物理
86 事物，相互作用决定时间和空间，而物理事物在时空的行为决定相互作用！

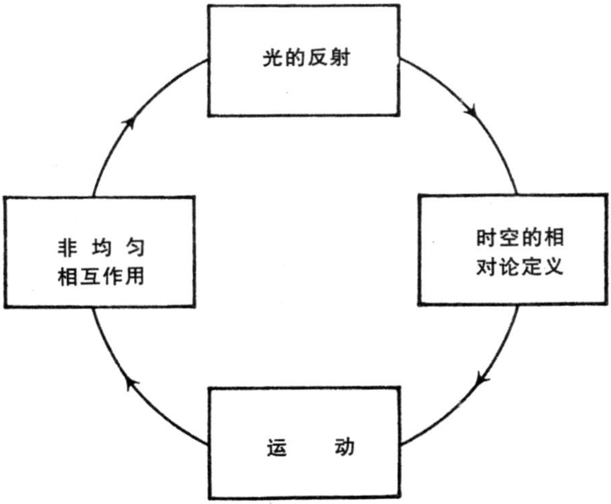

图 5.5 相互作用环

第6章 能量

能量是永恒的快乐。

——威廉·布莱克《天堂与地狱的姻缘》[1]

认识了存在些什么简单事物，懂得了如何最好测量和描述它们在 87
时空框架下的运动，物理学接下来的任务是用尽可能简单的办法来描述出现在那些事物中的相互作用。在我们这里，寻找最简单的描述方法，就是寻找概念最少而最普遍适用的定律。最重要的两个概念是能量和动量。这些从我们关于功和力、停止和起动等现象的直觉中生出的量适用于一切相互作用，不论它们的起源是什么——这样，我们可以很准确地把相互作用的物理学描写成能量和动量变化的理论。不过，动量概念的根却在另一个概念——质量，它也是运动的能量（动能）的基础。

1. W. Black（1757—1827年）是英国大诗人，也是大艺术家，他有名的诗集《天真之歌》和《经验之歌》就是他自己作的版画。《天堂与地狱的姻缘》（*The Marriage of Heaven and Hell*）是他在法国革命后不久写的（1790—1793年），也是最能表现他复杂思想的作品。这里引的一句来自《魔鬼的声音》一节：“人没有异于心灵的肉体……能量是唯一的生命，它来自肉体……能量是永恒的快乐。”

引力质量

我们说的质量，比教科书上说的那种形而上学的“物质的量”有着更多的意义。让我们走进思想实验室，做几个相互作用的实验。这时，我们还只限于宏观物体，完全在经典而非量子的物理学中考虑。经典物理学熟悉两类相互作用——引力和电磁相互作用，我们先从较弱的引力作用开始。当然，我们假定自己有最好的仪器，可以用以
88 前讲过的方法来观测运动。我们也有精确计数任何物体的原子的方法。最后，我们还有一张有魔力的屏幕，可以用来将实验与其他相互作用隔离开。

拿一只大铂金球，数数它有多少原子，然后放在空中。在离球一定距离的地方放一个铂原子。我们看到，原子向着球加速，球也向着原子加速。这里，相互作用表现为相互吸引。定量地说，加速度与原子数成反比——单个原子的加速比球更快。做几个简单实验，我们会发现加速度与位置有关。我们还发现，相互作用在空间有球对称性，强度随分开距离的平方反比例地减小（图6.1）。相互作用没有表现出与时间有什么依赖关系。

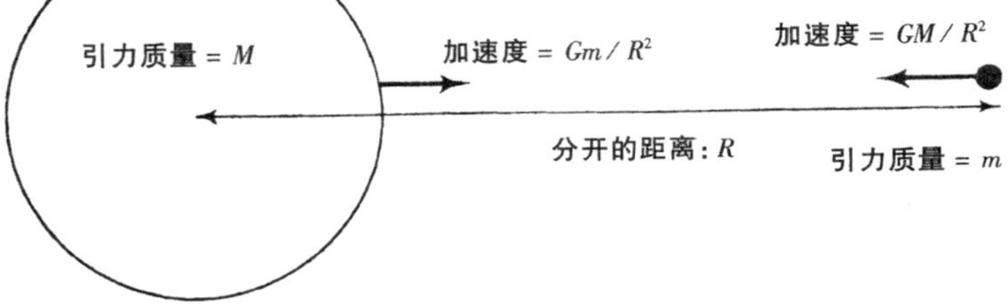

图 6.1 引力。引力常数 $G=6.670\times10^{-11}$ 米^3/千克·秒^2

那么，原子的加速度会不会与原子内和球内的什么东西有关呢？我们再拿一个铂原子，看这一对原子如何运动。加速度跟一个原子是一样的！可见，物体的加速度完全是球的性质，与物质无关。为证明这一点，可以把球放大1倍，我们会看到加速度也增加1倍。 89

我们得到一个结论：铂金球周围存在着一个所谓的*加速场*。空间每一点都存在一个加速度，处在那儿的物体会经历这样的加速。

产生加速场的原子类型是不是很重要呢？我们发现，同样数目的铜原子做的球将产生较弱的场，碳原子更弱，而固态氢最弱。每种原子都联系着一个特征量，它决定着场的强度。那是一种能产生加速度的基本要素，我们称它为*引力质量*。

为测量引力质量，我们先定一个标准。实际上，我们规定了一块质量为1千克的铂铱合金。一个1千克的铂铱合金球在某一点将产生若干米每秒平方（米/秒^2）的加速度。为测量物体未知的引力质量，我们将它代替合金球，然后测量它在那个点所产生的加速度。质量之比定义为加速度之比。于是，引力质量定义为正比于它在一定距离所产生的加速度。比例系数是一个基本自然常数，*引力常数*，总是记为G。G的值为6.670 × 10^{-11}米^3/千克·秒^2，是1千克引力质量在1米距离处所产生的以米/秒^{2}为单位的加速度。这个加速度很小——引力是极微弱的相互作用。

在我们自由下落或乘宇宙飞船上月亮时，引力似乎并不太弱，不过同其他相互作用比起来，它确实是微弱的。一个人漫步的速度大约是1米/秒，1米/秒^{2}的小小加速度也不过在步行，费不了多少力气。
90 百米冲刺开始的加速度可以达到2～3米/秒^2。地球靠它10^{24}千克的质量才在地球表面产生了这个量级的引力加速度，运动员基本上通过电磁相互作用，靠几千克肌肉就能达到这一点。

尽管我们所谓引力的加速场很弱，它却是无处不在的。我们不能让它消失，也不能将它“中和”。它像空间和时间那样存在在宇宙中。由于电荷存在正负两种，等量反号的电荷可以完全将强大的电相互作用消去。就我们所知，引力质量只有唯一的一种，它总是产生吸引。

惯性质量

不过，日常事物的好多物质行为与引力一点儿关系也没有。主要的相互作用是电磁相互作用。除电的和磁的性质外，物质的机械性质的基础也是电磁相互作用。于是，我们该回到思想实验室，来考察电磁行为的基本特征。下面，当我们带来电荷概念和引力常数的电磁等价概念时，可能不会令人惊讶；但我们另外不得不引入一个与众不同的惯性质量的概念，那是很奇怪的。在发现基本的引力相互作用时，我们可以没有惯性的概念；但为了认识基本的电相互作用，我们不得不创造这个概念。

我们拿单个的电子和质子为对象。在铂金球上放置可数个电子，然后我们看一定距离处的一个检验电子自己会怎么运动。我们发现，它会加速远离球。而且我们注意到，与前面讲的引力加速度相比，现在的加速度大得多，而另一方面，它们的对称性和平方反比定律却是一样的。

带电球周围的场，会不会像引力场那样，是与被加速物体无关的
加速场呢？为检验这一点，我们可以想象把两个电子黏在一起来重 91
复一次刚才的实验——但是我们做不到，两个电子会飞离开去。实验先不做了，我们问另一个问题——质子会产生与电子一样的效应吗？用等量的质子代替球面上的电子，那个检验电子的加速度还是那么大，但这一次它是向着球来了。将质子数加倍，电子的加速度也会加倍。这个实验令我们相信，每个质子都具有一定量的某种能产生加速度的东西——我们称它为*电荷*——每个电子也有等量的那样的电荷，不过产生的加速度是反向的。我们约定质子有正电荷，电子有负电荷。精确测量表明，两种电荷在10^{-20}的精度上是相等的！

当我们把检验电子换成质子时，新特征就表现出来了。所有的加速都减小了，大约只是原来加速度的1/2000（准确说是1/1836）。球周围的加速场与被加速物体无关——所以我们完全用不着去想如何把两个电子束缚在一起。对电子和质子，带电球产生了完全不同的加速场，那绝不是不同电荷带来的差异。质子“看见”的加速场比电子的弱。质子与电子的不同感觉，应该是电荷符号以外的别的什么东西引起的，我们称那种东西为*惯性质量*，它反比于所观测到的加速度。质子的惯性质量是电子的1836倍。

电子的场不像引力场，它不是加速场，因为它产生加速度依赖于
被加速的物体是什么。我们叫它*力场*，将力定义为单位惯性质量的加 92
速度。于是，力正比于电荷的乘积而反比于电荷距离的平方（图6.2）。

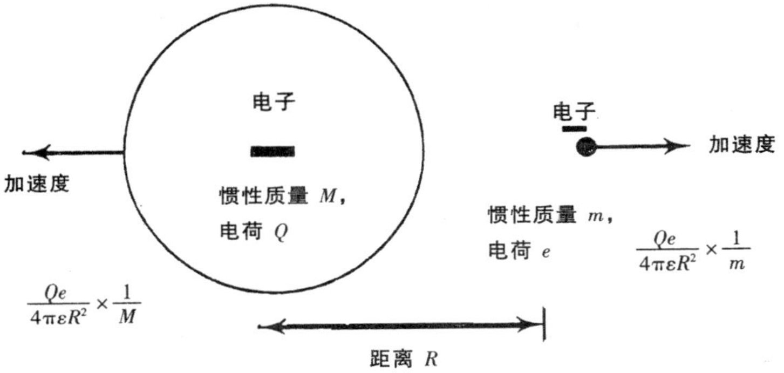

图 6.2　静电相互作用。同类电荷相互排斥，不同电荷相互吸引。作用力与电荷乘积成正比，与距离平方成反比。比例常数记为 $1/4\pi\varepsilon_0$。ε_0为真空的电容率，是基本常数，等于 8.854×10^{-12} 法拉第 / 米。加速度等于力除以惯性质量

为了定量进行比较，需要一个电荷单位。最简单的单位本应是电子的电荷，可惜历史上的定义完全不同。电荷的单位是库仑（C），1库仑的电荷通过硝酸银水溶液的电解池将产生 1.118×10^{-6} 千克的银沉淀。电子的电荷是 1.6×10^{-19} 库仑——这也是质子电荷的量。库仑同千克、米、秒一样，是大小适当的一个实用单位。[1]

当然，还需要一个惯性质量的单位。为得到惯性质量的单位，我们想象把实验扩大到 α 粒子（束缚在一起的两个质子和两个中子）和其他类型的带电原子（离子）。各种情况下的加速度的研究揭示了一
93 个显著的事实。只要铂金球上的电子数量不变，加速度所要求的带电原子的惯性质量之比，等于相应原子的引力质量之比。换句话讲，度

1. 这是所谓“国际库仑”的定义。现在我们根据基本单位安培定义：1绝对安培的电流通过导体时，在1秒内流过导体任一截面的电量为1库仑（绝对库仑）。注意，库仑不是千克、米、秒那样的基本单位，而是导出单位。

量加速其他物体能力的引力质量，等于度量物体本身在非引力（至少，在电磁力）作用下的加速度大小的惯性质量。于是，惯性质量的单位也是那块千克铂铱合金。两种质量的等价性，精度超过了10^{-11}，是一个有趣的事实，在引力与电磁作用间建立了牢固的联系。它有什么意义，至今还是个谜。

惯性质量出现在我们想象的实验里，是因为我们发现质子的加速度与电子的不一样。这并不是唯一的根据。也许，引入惯性质量概念更动人的理由来自等量而反号的两种电荷。想象我们以正电子（反电子）代替质子来做实验。加速度的大小应该与电子相同。这时候，带电球在自己周围的场决定着加速度的大小——这与引力的情形一样——但加速度的方向却是检验体的电荷决定的。这里用不着惯性质量。现在，我们拿电子偶素（由一个正电子和一个电子束缚在一起组成的原子）来重复实验。由于电子偶素是中性的，当然不会产生什么加速度（因为电极化效应会有小的加速，在我们这里是可以忽略的）。假如我们增加一个电子构成一个电子偶素负离子，加速度又能出现，不过将减小到原来一个电子的三分之一。这样，我们不得不借惯性质量来描述这种电荷被中和了的物体的加速度。这是不是也说明 94
了质子为什么那么重？我们可是一点儿也不知道。

在电磁学中，电相互作用并不是唯一的一种。在运动电荷间也存在一种力，我们称它是磁相互作用；另外，加速的电荷还能产生电磁波（图6.3）。不过，电相互作用在力学事件中却是主角——尽管是在微观水平上。材料的强度，固体的弹性以及各类力学碰撞中出现的原子力，根本上说都源自静电作用。因此，力学免不了要包括惯性质

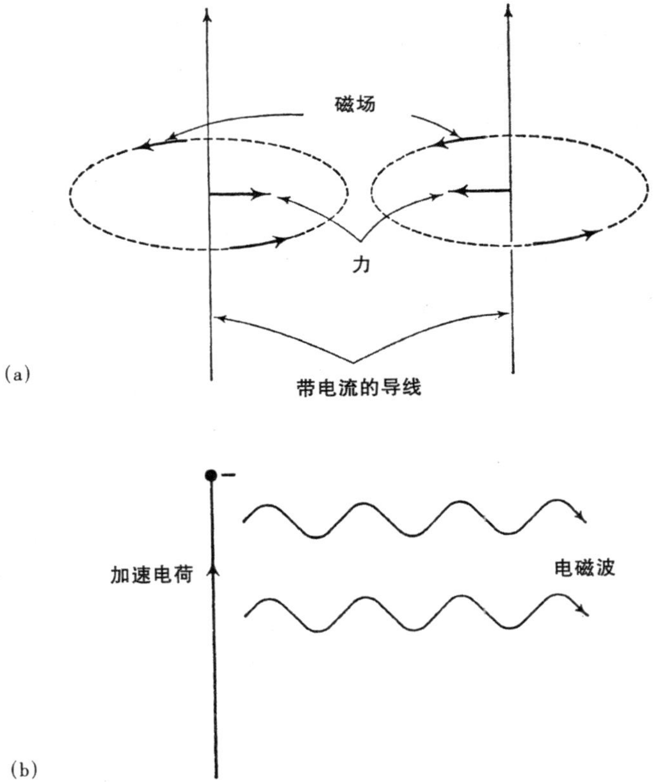

图 6.3　电磁相互作用。(a) 磁相互作用。运动的电荷产生磁场，磁场将力作用在运动电荷上。两根导线相互吸引。(b) 加速（或减速）的电荷辐射电磁波

量的概念。如果我们讨论作用在延展物体上的引力，则惯性质量成了一个“纯的”引力问题，因为延展物体的各部分是靠电磁作用束缚在一起的。

动量和动能

运动的台球撞上静止的台球，会让静止的球也获得运动。在碰撞前，运动的球具有某种静止的球所没有的东西。那种“东西”从某个意义说是一种运动的量，一个为运动者所有而静止者所无的量。

当然，物体的速度就是这样的一种度量。这样，我们就已经有了一个充当“运动的量”的物理量。确定了速度和方向，也就确定了运动，一个有方向的量，即一个矢量。这是最简单的想法，但不是我们需要的。我们很容易抓住一只快速飞来的网球，却很难阻挡一辆缓慢开过的汽车。一个重重的铁球能打碎好多玻璃球，而以相同速度运动的玻璃球却没有那么大的能力。只有速度是不够的，我们的“运动的 96
量”还应包括物体的质量。如果我们通过相互作用来度量，那么缓慢运动的重物体可能比快速运动的轻物体拥有更多的“运动”。

靠质量和速度所能构成的最简单量就是惯性质量m与速度v的乘积，mv，我们称它为*动量*。以后会看到，它是一个极端重要的量。假如在两个物体碰撞前后测量它们的动量（图6.4），我们会发现，碰撞前的总动量（矢量计算，考虑每个物体的运动方向）等于碰撞后的总动量。动量是守恒的。所有相互作用都遵从这个守恒律，这也就是为 97
什么动量那么基本。

虽然动量是一个很有力的概念，但光凭它还不足以完全刻画运动特征。想想用肌肉的力量去阻挡一辆缓慢行驶的汽车，会流多少汗水！不管汽车从哪个方向来（假定在平坦的大路上），汗水都会流那

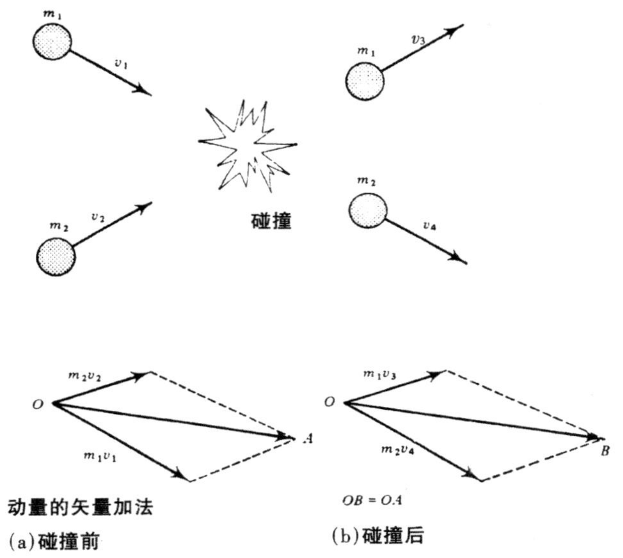

图 6.4　动量守恒。另外，动能也守恒；
$1/2m_1v_1^2+1/2m_2v_2^2=1/2m_1v_3^2+1/2m_2v_4^2$

么多。动量是有方向的，而汗水没有。阻挡汽车耗尽了大量的肌肉能量，推动汽车同样也需要那么多肌肉的能量。日常生活中的能量概念在这儿找到了用武之地。运动也带来一个没有方向的量（术语叫标量），即能量。我们可以认为，运动的物体拥有运动的能量，术语叫*动能*，对人来说，也就是为了阻止运动而流淌的汗水的量。

如何用惯性质量和速度来定量表达动能呢？没有直观的答案。它应该像动量那样，与物体的质量成正比，还应该随速度以某种方式增大。除此之外，我们还必须从大量的碰撞研究中推出一个有用的关系。结果发现，有意义的量是质量与速度平方一半的乘积——

即$1/2mv^2$。动能的意义在于，它跟动量一样，在台球的碰撞中是守恒的。碰撞前的总动能等于碰撞后的。动量和动能的守恒定律让我们能够预言所有类型的台球碰撞的结果。结果可能出现的小小误差可以归因于碰撞产生的热量（内部运动）、空气阻力和摩擦力。在任何精 98
心设计的实验中，这些影响都很小，我们可以相信动量和动能的概念真的是威力巨大的。

台球的守恒律适用于其他的力学相互作用吗？不。这时，我们需要两个更进一步的概念，一个是推广的动量，一个是推广的动能。我们来看在冰上旋转的溜冰者，他的双臂原先是水平张开的。他只要把手臂放下，就能转得更快。手臂的动量增加了。动量守恒发生了什么问题？它在旋转系统中不适用了。这时守恒的是一个相关的量，*角动量*，动量与物体离转轴距离的乘积。溜冰者的手臂放下来离身体更近，为保持角动量为常数，动量一定会增加（图6.5）。地球旋转速度不断在减小，那主要是因为月球引力影响的潮汐所产生的摩擦。角动量守

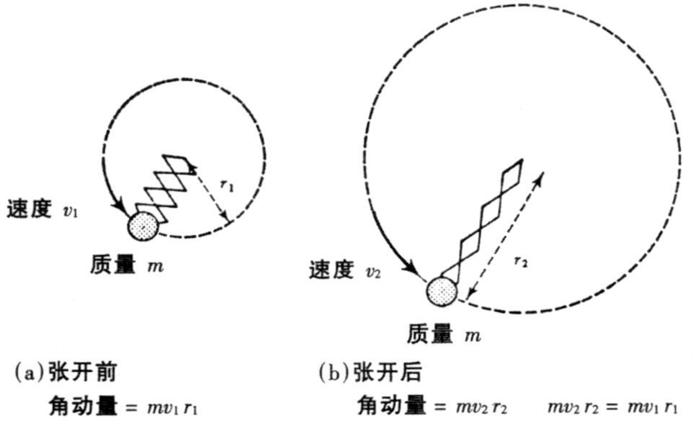

图 6.5　角动量守恒

恒定律告诉我们，地球角动量的减小一定伴着月亮在环绕地球轨道上
99 的角动量的增加。月亮会离我们远去（不过这个效应很小）。如果把
直线运动的动量叫线动量，我们可以概括起来说，在一切力学相互作
用下，总的线动量和总的角动量分别保持不变。

能量守恒

现在我们推广能量概念。显然，一个物体的动能在我们伸直手臂握着和落下时是不会保持不变的。落下时它会加速而增大动能。但在严格的引力定律下，并不是这样的。物体获得的动能直接正比于它下落经过的距离。动能来自物体在引力场中从一点移动到另一点。这里有一样东西是不变的，那是动能与某个场中位置有关的量的总和。每一点都存在着那样一个特征能量，即我们知道的势能。物体无阻力地从一点运动到另一点，它的动能与势能的总和不会改变。在我们放下物体之前，它的动能为零，势能由它在引力场中的位置决定；被放下以后，物体失去势能而获得相等的动能。总能量没有变（图6.6）。

势能的概念也适用于带电粒子在电场中的运动。电学名词电压就
是带单位电荷的粒子所具有的势能。电压度量驱动带电粒子运动的能
力。势能同样还是压缩或拉伸的弹簧所储存的能量。压在弹簧末端的
物体会上下振动，在这种运动中，物体从压缩的弹簧储存的势能中获
100 得动能，然后向上拉伸弹簧。每一轮振荡都在重复动能与势能的转
化，而它们的和总是不变的。什么时候有力的作用，我们就需要势能
的概念。

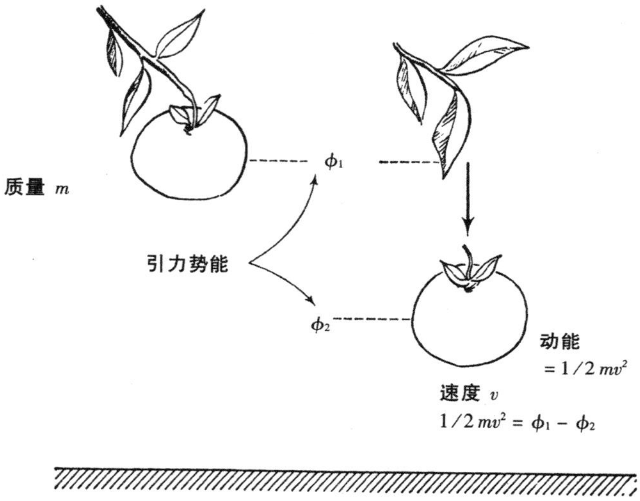

图 6.6 势能转化为动能。引力势能 $\Phi = GMm/R$。在图 中，M是地球的质量，R是苹果到地心的距离

我们已经习惯脱手的东西会落下去，那看起来无中生有的运动本该是很令人惊奇的。物体在受到可以切身感到的推力时会运动，我们是完全熟悉的，小时候就知道了。但力场中的事物在没有什么看得见的推动作用下也会开始运动。仿佛真有一种魔力，而我们却自以为都 101
能理解。带电球周围的空间有一种奇异的能使电荷运动的性质，我们说那种力是相互接触的实实在在的推力。我们为空间每一点赋予一个势能，让势能产生运动。我们能很准确地描写发生的事情，认为自己什么都懂了。然而，实际上我们什么都没懂。引力和电磁场那看不见的影响依旧是一种说不清的魔力。我们能描述它，但不能消灭它；它是老天玩儿的一种陌生的魔术。势能不过是那个魔力的一种度量。

只要有力的作用，动量就不再是守恒的了。作为质量与加速度乘积的力，现在可以用另一种方法来定义：力是动量随时间的变化率。我们说，下落的物体得到动量是因为它经受着引力的作用。它也从引力势能的变化中得到了动能。力和势能的概念将场与物体的物理运动联系起来了。即使如此，我们关于运动的描绘仍然残留着"魔影"：不论动量还是动能，定义里都包含着那个神秘的惯性质量——我们还记得，它是我们为了理解带电粒子在电场中的运动而引进的概念。再回想一下，我们熟悉的一个物体作用在另一个物体上的力，从根本上说是来自电磁起源的，所以在最普通的事情里，也出没着魔力的影子。

看一个最普通的例子。我们平常在家里用电付钱——还有比这更普通的吗？在这个例子中，"魔力"可能弱一些，但还是存在着。在能量单位的定义里，还有它的影子。以动能来说，一个能量单位是惯
102 性质量为2千克的物体在以1米/秒的速度运动时所具有的能量。我们称这单位为"焦耳"。我们平常烧火、取暖，耗去的正是电能或燃气的化学能，用多少焦耳付多少钱。焦耳数的大小看我们家用器具"吞噬"的能量有多快。电器用电的快慢由它每秒耗尽的焦耳数来表示，所以打开电器时，我们总能知道每秒钟花去了多少钱。能量消耗（严格说来应该是能量转化，因为能量总是守恒的）的速率，就是我们所谓的功率。功率的单位是瓦特，等于每秒钟的焦耳数。电热器的功率为1千瓦，每秒钟将不低于1000焦耳的电能转化为热能。我们自己身体产热的速率只是它的八分之一。一间屋子里的8个人相当于电热器的一根棒。世界能源可贵，焦耳作为能量单位在政治和经济领域，也跟在物理学一样，是一个重要的尺度。

讨论辐射传递能量时，我们自然关心速率而不是总量。但是，离开辐射源，在源周围的某个空间区域，辐射的发射率就不重要了，我们更关心的是到达的总能量。这时，我们应该来度量每秒钟落到1平方米上的总能量，也就是能量强度，单位是瓦/平方米。太阳到地球大气的辐射强度是每平方米1.35千瓦（1.35 kW / m^2）。强激光束的强度可以高达10^{10}千瓦/米^2。强度是很有用的度量，但不是唯一的。有时我们感兴趣的是一定体积内的辐射总能量，这就是能量密度的概 103
念，即任一时刻每立方米的辐射能量。不难看出，能量密度乘以辐射的波动速度就得到能量强度，所以这几个量是密切联系着的。

讲到波，我们还该说像能量那样的动量转移。在海边被浪打过的人都知道波带着动量。不论什么本性的波，都不仅带着能量，也带着动量。在反射或吸收波时，总可以感觉到它，因为这两个过程都有动量的改变，也就是有力的出现。如果定义辐射作用在吸收面上单位面积的力，即压力（我们说辐射压力），我们就可以用它来度量动量的传递速率。阳光的辐射压力很小，但对于巨大的大质量恒星，辐射是非常强的，它作用在构成星体的电子和质子的力是对抗引力坍缩的主要动力。

动力学的动量和能量概念很容易用于波，不过要注意波的动力学行为是很不相同的（图6.7）。增大粒子的动量和动能，总会增大它的 104
速度。增速是粒子吸收能量的方式。但是，波的速度不会改变。它由波动传播所经过的物质的性质决定。波吸收能量却不加速。振幅增加了，速度还是不变。

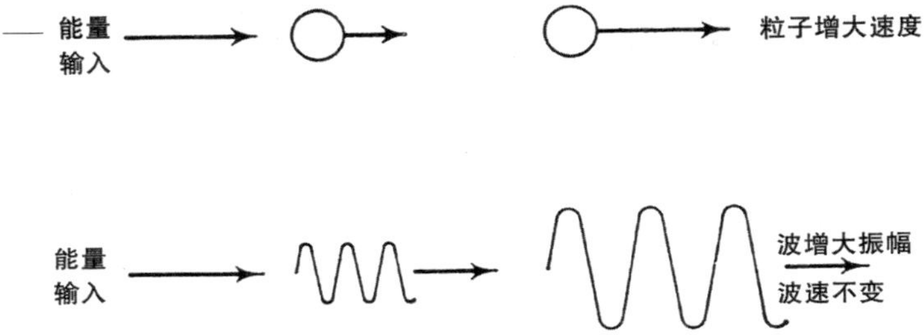

图 6.7　粒子和波的不同动力学行为

$E=mc^2$

奇怪的是，当粒子速度接近光速时，它的动力学行为开始像波一样了。我们在运动一章看到，粒子在高速运动时会表现出奇异的现象。一个现象是，不论多大的力都不能将粒子加速到真空的光速 c。直线加速器中的电子在不变的电力推动下，起初加速很快，然后在接近光速时越来越慢。我们的势能概念在这儿遭遇了可怕的挑战。电子获得的动能，一定等于它所失去的势能，这是肯定的。否则，我们的能量守恒定律就绝对失败了。但是，如果光速成了限制速度的障碍，能量又如何能够守恒呢？

当我们测量电子的动能（通过它产生的进入固体目标的热量）发现那正是能量守恒定律所希望的大小时，问题变得更尖锐了。势能确实转化成了等量的动能。如果测量电子的速度，我们会证实狭义相对论的预言：速度可以接近光速，却不能超过光速。速度不长，动能从何而来呢？

答案只有一个，惯性质量必然随速度增大。惯性质量是我们为了描述电场中的粒子加速度而引进的不变量，现在根本不再是常量了，它随粒子速度趋近光速而增大，看不出有什么极限。这就解释了为什 105
么不能把粒子加速到光速以上，因为那需要无限大的力。

质量对速度的依赖迫使我们用新眼光来看过去的动能概念。我们从来不曾真的理解为什么动能在任何时候都是那个特别的量，$1/2mv^2$，为什么不能是mv^2或$1/3mv^2$或别的什么呢？现在，质量随速度的变化能让那个古怪的公式更令人接受。果然如此。我们只需把动能定义为质量（而不是速度）的增加。我们定义动能为质量的增加与光速平方的乘积——表示为（$m-m_0$）c^2，这里m是在任意速度下粒子的质量，m_0是粒子静止时的质量。质量随速度的改变方式保证了在低速状态下这个公式会给出$1/2mv^2$的结果。所以，这个定义不仅更容易理解，而且与旧的定义是完全相容的。我们过去的动能概念错了。我们被速度迷惑是因为质量显得是不变的。动能不在乎速度，而在乎增加的质量与它成正比。运动的能量所表现的是它自身质量的增加。我们跑步的时候会更重！

问题跟着来了。既然运动物体的部分质量是能量，为什么不能全都是呢？有什么东西不让我们相信一个总的能量吗？我们这里说的粒子的总能量，$E=mc^2$，是动能（$m-m_0$）c^2加上一项新能量m_0c^2构成的。那新能量是粒子所固有的，即所谓的静止质能。实际上，没有什么东西妨碍我们这么想。但是，如果静止质能真有实在意义的话，它应该可以在某种相互作用下转化为其他形式的能量。毕竟，能量说到底是用来描写宇宙间物理事件发生方式的概念。有静止质能转化为其 106

他类型能量的事例吗？确实有的（图6.8）。电子和正电子发生湮灭，它们的静止质能完全以γ射线的形式转化成了电磁能。在原子弹的情
107 形，质量爆炸成为动能。两个氘（重氢）核聚合成氦核所释放出的巨大能量，是直接由静止质量的差产生的。因此，静止质能是实在的量，它是锁在粒子内的能量，一种潜在的储藏的能量，在一定条件下会突然爆发出来。能量和质量在本质上是同一样东西。爱因斯坦的方程 $E=mc^2$ 表达了一个大自然的最基本的关系。

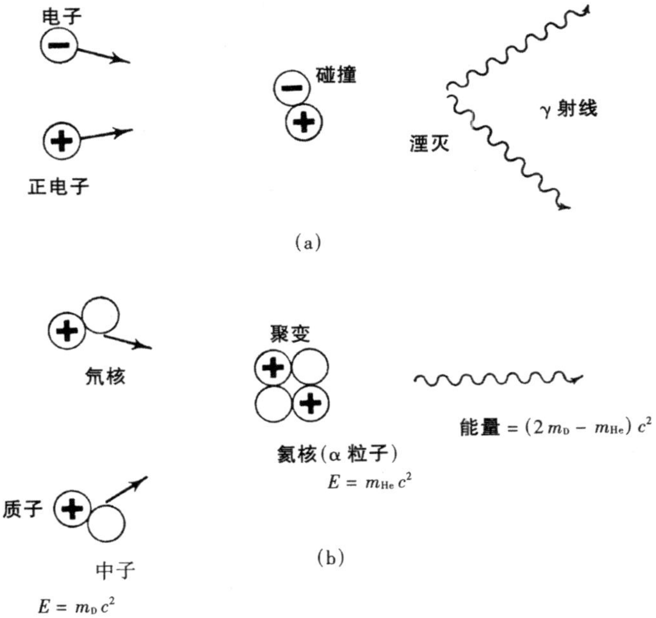

图 6.8　$E=mc^2$。（a）物质完全转化为电磁辐射：电子对湮灭。（b）核聚变：氦核的静止质量小于两个氘核的静止质量，质量差产生出能量

幸运的是，只要动量定义为随速度增大的质量，动量的概念就不需要改变，仍然是质量乘以速度。能量和动量的守恒定律仍然有效。

同样，只要我们坚持将力定义为动量随时间的变化率，而不是质量乘以加速度，力的概念也不需要改变。对高速事物的研究的基本好处是，它扩展了我们对质量与能量的紧密联系的认识。这里又生出几个问题，打开了新的思路。例如，既然能量可以与粒子的质量联系起来，那么是不是可以把质量赋予场的势能或者电磁辐射的能量呢？以后我们会探讨这些问题。

大数巧合

从基本简单的引力和电磁相互作用的研究中，我们抽象出能量和动量的概念。在这一章的最后，我们来看几个数字的巧合。质子与电子的电吸引力与引力之比是10^{40}量级，一个巨大的无量纲数，我们很熟悉了。回想一下，在第3章末尾，我们说过宇宙半径与质子康普顿波长之比也是10^{40}量级；在第4章，我们还估计了宇宙年龄与原子核特征时间之比，仍然是10^{40}。是巧合还是别有意义？无疑，许多物理 108
学家，特别是爱丁顿，[1] 都认为那是别有意义的——巧合也好，必然也罢，我们总可以发现，这些反复出现的无量纲数，实际上是由下面这些基本常数构成的：引力常数G，质子质量m_p，普朗克常数$\hbar$（$h/2\pi$），和光速c，那个数是hc/Gm_p^2。而且，我们估计宇宙的粒子数为10^{78}，近似它的平方……

---

1. Sir A. S. Eddington（1882—1944年）身后发表的《基础理论》（*Fundamental Theory*，1946年）记录了他的一种思想：基本的自然常数（G，m_e，c等）是"宇宙结构的自然而完全的规定"，常数的大小不是偶然的。他想建立一个理论来导出这些值，当然没有成功。后来，狄拉克（P. A. M. Dirac，1902—1986年）1937年在《自然》杂志发表了一篇《宇宙常数》（*The Cosmological Constants*）的论文，研究我们这里说的"大数巧合"。他提出一个"大数猜想"：在宇宙演化过程中，那些"巧合"关系是不会改变的。这样，所谓基本的常数，如G，c，e，m_e等，就可能随时间而变化。已经有人做实验来检验G是不是在变化——它的变化直接影响地球绕太阳的轨道周期。

第 7 章 自由

罗纳德……翻身上马，疯也似地跑了，不知去向。

——S.李科克《女总督格特鲁》[1]

实际的测量总有误差，那是免不了的——我们必须考虑某些反映测量精度的东西，并把它们加到测量结果上去。我们的仪器总是太粗陋，而我们对实验条件的控制又总是不足。技术的进步，方法的创新，认识的革命，会不断减小测量误差，提高精度。我们能进步到什么程度呢？原则上说，我们能想走多远就走多远吗？我们能有零误差的确定的量的概念吗？经典物理学会说，有的。量子力学也说，有的，不过得为它付出别的代价。

不确定性原理

麻烦出在作用量子，另外也因为我们是在用宇宙的一点去度量另一点。例如，我们测量一个粒子的某个性质——如它的能量或动量

1. Stephen Butler Leacock（1869—1944年）生在英格兰，6岁时随家移居加拿大，学的是经济，在大学作了多年经济学教授。他写的东西却很幽默，如《文学的失误》（*Literary Lapses*，1910年），《小镇阳光随笔》（*Sunshine Sketches of a Little Town*，1912年）等。这里的话出自《没有意思的故事》（*Nonsense Novels*，1911年）。有趣的是，统治者的名字（Gertrude）跟哈姆雷特母亲的一样。

或在时空里的位置——我们必须让这个粒子与我们的观测系统发生相互作用。相互作用意味着交换能量-动量，从而不可避免地会干扰我们想通过这种作用来观测的那些量。显然，干扰越小越好。对经典物理学，没什么大问题——干扰可以无限小，我们总可以同时以任意的精度去测量能量、动量和时间。对量子力学，我们做不到。 110

假设我们想测量一个电子的动能——为了简单，我们考虑缓慢运动的电子，那样就可以忽略狭义相对论效应。我们的测量系统，根本上说可以看成另一个基本粒子，例如光子，这样，电子与我们系统的相互作用，就理想化为两个粒子的作用。光子在与其他物体相互作用后，会以某种方式将有关那个物体的信息传达出来，让我们在宏观水平上看到。为保证干扰很小，光子在从物体反弹回来时应尽可能少地转移能量。这没有问题——光子的能量可以要多低有多低。但是，光子总带着一个单位的作用量（h）——能量乘以时间——而低能量意味着波动的长周期。测量时间的确定从而不可能比这个波动周期更精确。能量可以精确地测量，但时间却不能用相同的办法来确定。反过来，如果我们想精确测量两个电子事件间的时间，就必须用短周期波动的光子（高频率），结果，能量会带来巨大的干扰。从这个意义说，能量和时间是共轭的。

我们现在的处境有点儿奇怪。迄今为止，我们的能量和动量概念是独立于时间和空间概念发展起来的。时空是一回事，能量-动量是另一回事。这会儿，我们却发现，由于作用量子的存在，对一个量的观测会实在地影响另一个量。它们不能再被当成分离的独立的量：能量与时间一对，动量与空间一对。海森伯（Heisenberg）将这种状况 111

总结为几个不确定关系（图7.1）。在一切物理的相互作用中，总存在

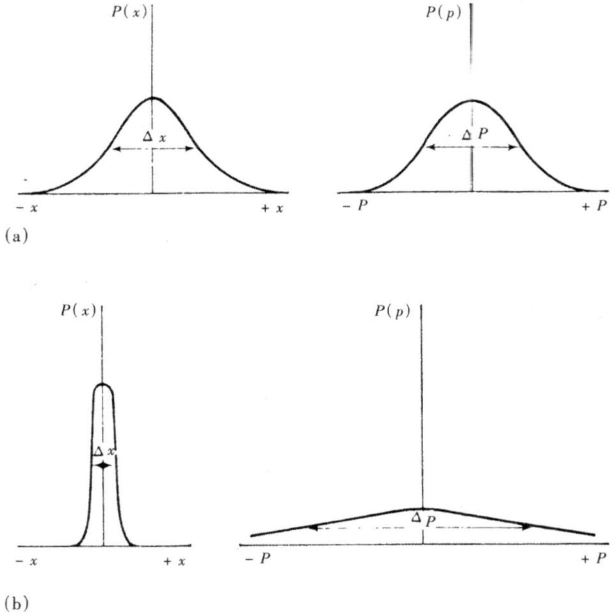

图 7.1　不确定性原理。（a）位置不确定度为Δx的空间粒子，动量不确定度Δp由关系$\Delta p \Delta x = h$决定。$P(x)$为粒子在x的概率；$P(p)$为粒子有动量p的概率。（b）位置越精确的粒子，动量越不确定

一个有限大小的作用，不可能比h（普朗克常数）更小，它关联着能量和时间或动量和位置的不确定程度。能量和时间的不确定度的乘积不能小于h；动量和位置的不确定度的乘积也同样不能小于h。在最好的情况，乘积可能等于h。能量的精度需要付出时间精度的代价；动量的精度需要距离精度的牺牲。

以其他粒子代替光子，我们也免不了这种冲突的关系。每个粒子都像光子那样带着作用单位，原理还是一样的。而且，如果去测量旋

转，我们会发现角动量与角位置也是一对共轭的量。

测量的不确定性产生一个重要后果：物理学定律在特征上都是统计的。于是，量子论只好谈希望值，而不是确定量；谈概率，而不是肯定。特别在关于单个事件的情形，预言更不确定，结果与原因更难分清。原子里的经典电子轨道不复存在了——留下的只是在一定区域发现电子的概率。能量和动量守恒定律*在平均意义上*还继续成立，但在个别事件，能量可以无中生有，也可能无声无息地消失。不过，最可能的还是能量守恒。经典定律的教条的绝对主义，只好被量子力学的现实的概率论陈述所取代了。虽然严格的决定论消失了，各种相互作用的具体模型却可以从薛定谔（Schrödinger）、海森伯、泡利和狄拉克等先驱者开创的量子力学理论中产生出来，它们在定量上是惊人准确的。以后我们会看到，概率对经典物理学来说也不是陌生的。每当面对大量的粒子，我们都会落实到观测平均量和离开均值的偏差，等等。实际上不可能知道在一定时刻每个粒子的位置、动量和
能量。现在我们知道，*即使在原则上*，也不可能同时精确地决定位置 113
和动量，我们不得不把统计思想从大量粒子推向个别粒子。

量子的自由

因为基本粒子具有自由的量子，上面讲的一切都是必需的。对它们来说，事件并不像19世纪经典物理学中的粒子事件那样是严格决定的。选择，一定极限下的选择，似乎是它们的根本特征。并非一切都是允许的，但被完全禁戒的也不多。只要能在平均意义上服从经典定律，我们还是能够容忍某些奇异的个性。自由带来的是特殊的效应、

概念和结果，难怪人们更喜欢科学小说中更寻常简单的东西。

自由在特别的保护下。让我们试试将电子锁进原子核。是呀，电子为什么不能像质子和中子那样成为核的一部分呢？中子经过放射性衰变后变成质子，在转变过程中产生的是电子（β衰变）。这样看来，电子锁进质子而形成中子是很合理的想法。然而，电子却不愿参与进来，它拒绝合作，不肯被限制，它有选择的自由。一个限在原子核大小的空间里的电子所具有的相关波长，一定至少比核直径小。如果波长太长，电子多数时候就会处在原子核外，那是不行的。但是，如果波长太短，空间一定很紧，为保持基本的作用量子h，电子的动量会大大地展开。那样一来，电子的动能会很大，一定能冲破核的牢笼。原子核锁不住电子。在任何稳定状态下，电子都不能存在于原子核中，除
114 非有什么外来的巨大力量能战胜它们向外的自由。如在自身引力作用下坍缩的星体内部，就存在那样巨大的压力，能把电子挤进原子核，形成一个完全由中子组成的天体——中子星。从这里我们生动地看到，电子对自由的渴望是多么强烈，星球那么强大的东西才能令它安静下来。

每当我们想约束电子的时候，总是强迫它进入一个有限的空间，或者让它穿过一丝缝隙。电子还是那样自由地以独特的方式表现自己。但是电子并不满足被动的表演，它还敢自由地违反能量和动量守恒定律。

所有电磁波源都是加速或减速的带电粒子，多数是电子。在光出现以前，一定存在着有富余能量的电子。光的能量来自叫光子的波包，所以基本的发光过程就是电子发射光子的过程。当然，光子一出

现，就会带着一定的以频率为特征的能量和以波长为特征的动量，以光速匆匆飞去。失去能量的电子就像射出子弹的枪，会反弹回来。只要电子起初有足够的动能和势能，只要它能像在原子里那样通过对核的冲击来减缓反冲，那么，光子的反射就能保证能量和动量守恒的定律，因而是可以发生的。假如电子没有足够的能量，或者不能很好地反冲，光子就不会产生出来。这就是自由电子的处境：守恒律严禁它发射光子。

这样的禁令，旧式的粒子能接受，但对电子那样的现代粒子来说，
这种对自由的约束是不能容忍的。我们能听到革命的宣言“…… 发射 115
或吸收光子是每个电子不容剥夺的权利！”，能看到这样的口号：“打倒守恒律！"这是大自然面对的一大冲突，不过她处理得很精彩，结果大家都赢了。电子可以发射任意的光子（够大方了），不过它得在不确定性原理所允许的时间内将光子吸收（守恒论者可以舒口气了）。在这个系统里，主角是与电子-光子相互作用相联系的作用量子：作用量子的时间分量是发射与吸收间的时间，能量分量是光子的能量。这样，高能光子发出后必须很快被吸收，而对低能光子来说，发射与吸收之间的时间可能会很长。在任何情况下，这些光子都不可能逃逸，所以总的说来没有能量-动量损失，从而在平均意义上守恒律得到了满足。只有在能量和动量守恒的时候，真实的光子才可能出现。

电子发射然后吸收光子的奇特行为叫*虚过程*，那个瞬息出没的光子就是我们所说的虚光子（图7.2）。

实际上，虚过程多少有点儿像我们熟悉的借贷行为。假如你想买

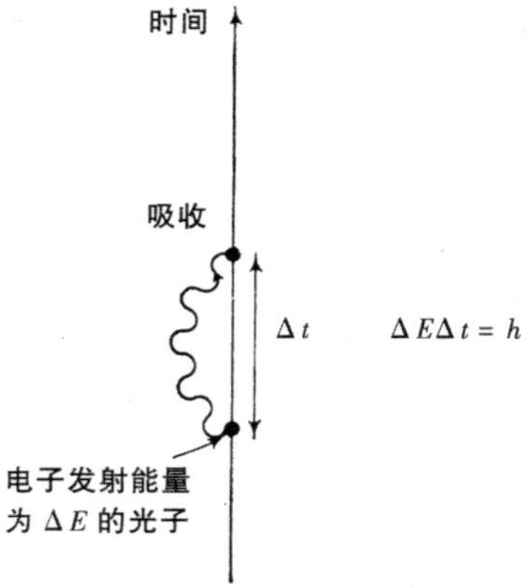

图 7.2　虚过程

某样东西，但是钱不够，买不了，这是价值规律。当然，这难不住你。你可以向银行借一些钱，x镑，答应在几个星期（t）以内还清。根据你的信誉、口才或者关系等等，你还得越快，借得就可能越多。大体上说，x与t的乘积是一个常数（但不是普遍适用的）。有了钱，你实现了目标。但几周以后，你又得拿出x镑来。为了更像一个“虚过程”，
116 我们假定你只好把买来的东西卖了x镑。还了。于是，你又回到了开头，没有钱，也不欠利息。在社会生活中，我们能靠借贷实现一种额外的自由行为（“虚购”）；在自然界，量子银行为所有基本粒子（如光子）提供了借贷的方便，每个粒子都可以尽情满足一时的奇想。

光子“纵情”的是什么虚过程呢？当γ射线通过物质时，会转化为电子–正电子对，当然，γ射线光子的能量应该至少足以提供正负电子对的静止质量。在真空里，即使高能的γ射线也会因守恒律的禁戒而不能产生粒子对。可见光的光子在任何地方都没有足以产生粒

子对的能量。不过，不论多大能量的光子，都可以将自己变成电子和正电子，只要它能很快重新结合成原来的光子（图7.3）。那瞬间的电

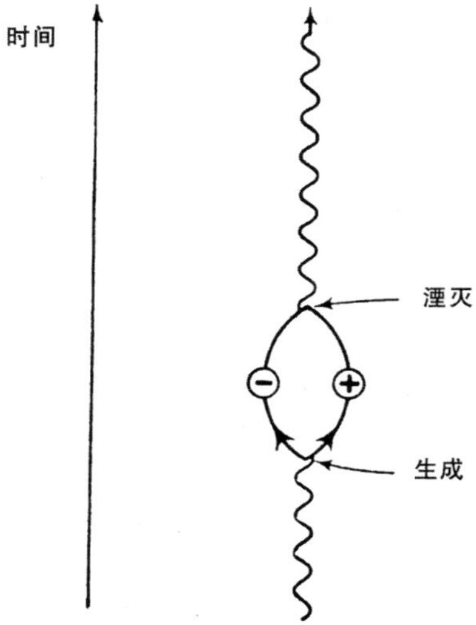

图 7.3　光子产生的虚电子－正电子对

子和正电子就是我们知道的虚粒子对。虚粒子对实际存在的时间很短——大约10^{-21}秒——但是，光子在不断地产生虚粒子对，所以总处在它们的包围中。

同样，在电子的周围也裹着虚光子的云团。实际上我们还可能面对一个作用量子所带来的更离奇的过程，那就是虚光子以虚粒子对 117
来包围自己！这样，电子就在光子和电子－正电子对的云团中心运动。另外，电子在瞬间的存在中会受到母电子静电作用的排斥，而正电子则被吸引。于是，正电子云移向电子，而电子云会远远地离去。电子

将真空电极化了！结果是一个半径大约为康普顿波长（10^{-12}米）的范围被标上了电子的负电荷。

量子场

这些虚过程的一个极端重要的结果是，我们不能再把电子当成单独的一样东西。我们现在认为它由一种“穿着"光子和粒子对云衣的
118 “裸”电子组成。我们不能再认为电子独立于它的相互作用！周围的虚粒子云表现着它们的力量和本性。同样，光子也决不孤单，它也裹着虚粒子的云衣。我们不得不承认，自由独立的粒子概念不过是一种幻想。粒子带着它的相互作用出没在无限活动的模糊云雾中。我们现在该如何想象这么令人困惑的事物呢？

这种行为的根源在于粒子的生成与湮灭。而且，粒子可以拥有任意能量和相应的动量。为了能追踪事件发生的径迹，我们必须确定一个粒子可能有的一切动力学状态，弄清粒子在某一状态生成或湮灭的速率。然后，我们得到一个理论模型，叫*量子场*。有光子场和电子-正电子场（常被称为狄拉克场）等。每一种场都四处弥漫，通过粒子的生成和湮灭来表现自己。粒子和反粒子的虚生成意味着真粒子在物理上是与场紧紧联系在一起的，不能当作分离的实体。

在经典的引力场和电磁场中，我们想象每个空间区域具有能影响实验物体的特殊性质，即我们讲的物体在场的每一点所经受的力和势能。我们可以将场源看成一个有质量或带电的物体。量子场则不同，它没有源，而且无处不在。它们表现自己的方式是生成或湮灭基本粒

子，照量子力学的法则，那粒子可以是虚的，也可以是实的。在理论上，一个粒子被看成一次场的激发，而决不会独立于场。

量子场最奇异的特征大概是它们那永不衰竭的活力。它们像精力
充沛的孩子，总在蹦蹦跳跳，从来不知道什么安静和歇息。即使没有 119
实粒子，场也总是荡漾着微澜。粒子在不停地生成，也几乎同时被无情地消灭，在永不枯竭的快乐源里享受瞬息的存在。令人难以置信的是，场是自发陷入虚过程的！在宇宙的每一个角落，电磁场像魔鬼一样地从虚无中生出光子，然后匆匆令它们消失。在每一个地方，狄拉
克场也如梦如幻地在生成和湮灭电子-正电子对（图7.4）。宇宙无处 120
不在活动，真空也是很活泼的东西。

这些奇异的活动，怎么说都是极其重要的。它们的结果有些令人满意，有些却很可怕。令人满意的特征是，光子场的真空涨落能激发原子中有多余能量的电子，让它们“自愿”发出光来。否则，我们还生活在漆黑而冰冷的世界里。反过来，当我们想生成激光的相干光线时，我们不得不克服这些涨落产生的随机混沌的光，这时它们成了可恶的东西。不管哪种情形，它们都是很实在的。

当我们想定量地认识真空涨落的意义时，可怕的事情发生了。因为，平均说来，在每一种可能的动力学状态下，一个涨落只有半个能量量子——不是一个，因为粒子生成后很快就被湮灭；当然也不为零。每一个可以想象的电磁辐射波长，都只有半个能量量子。假如我们从给定波长的实光子出发，我们可以一个个地吸收，一个实光子也不留下。但是，我们却不能吸收和发射与涨落相关的半个光子。我们

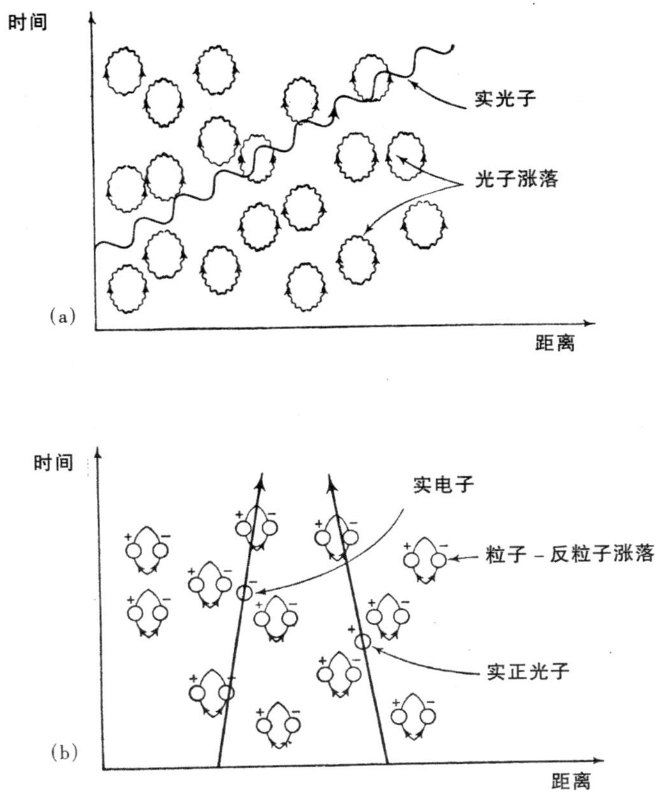

图 7.4　量子场　（a）光子场　（b）狄拉克场

121 称那样波长的能量为零点能，是感觉不到的。我们不能把它做成能源，但它会永远地存在着。可怕的是，当我们把所有波长的零点能加在一起时，总量将会无限大！太令人困惑了。即使不考虑真实粒子的能量，真空中活动的量子场在涨落中也有无限大的能量，不管我们是不是喜欢，事情可就是这样！我们只能接受它，在理论中小心应付。在下一章我们还会遇到真空涨落。现在去看看其他方面的事情。

相互作用

量子思想的另一个结果是，我们必须画一幅全新的电子相互作用的图景。用经典的话来说，两个电子互相排斥（同性相斥）是电子对彼此电场反应的结果——那是一种瞬时的超距作用。在量子场物理学中，这个效应与粒子的生成和湮灭有关，大不同于经典的描述！不管怎么说，我们看到的就是这样。实际发生的事情是，电子与一类特殊的虚光子交换，交换的结果是电子越分越开。这些特殊光子是与电磁波相联系的量子，它们的电场振荡方向指向传播方向。这种波叫纵极化波。寻常的电磁波的电场振荡是垂直于传播方向的，叫横极化波。奇怪的是，照经典理论，不可能存在纵极化的波。那类光子的存在应归因于作用量子，而且只能以虚光子的形式存在。但它们正好是解释两个带电粒子间瞬时静电作用所需要的粒子（图7.5）。这样的相互作用是不断交换虚光子的结果。 122

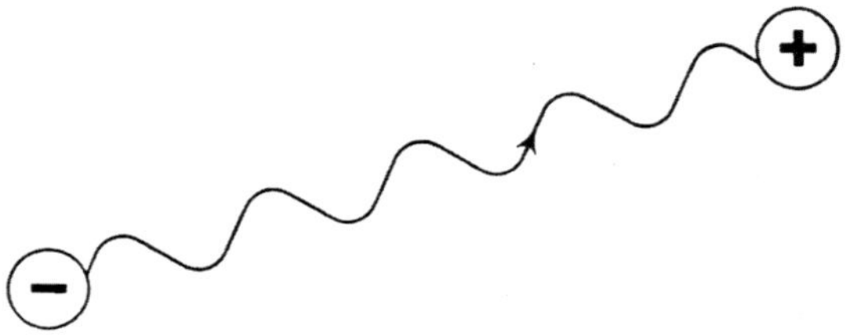

图 7.5　虚光子交换产生的瞬时静电相互作用

在量子物理学中，粒子交换的思想被普遍地用来描述相互作用。我们讲了光子场，但还有许多其他的场，它们的虚粒子的交换也产生排斥和吸引。

这样的一种场解释了超导性。所谓超导性，说的是金属在很低的温度下失去了对电流的阻力。奇怪的是，我们可以用电子间的吸引来解释这个现象，它来自电子与金属原子机械振动的相互作用。我们称以波包形式出现的振荡波的能量为声子。声子对声音的意义，就像光子对光。这样，我们又有了一种量子场，声子场。声子场与我们说过的那些场有所不同，它不能存在于真空里，而只能存在于宏观物质中。不过，声子也是一种“成熟”的量子粒子，特别在决定固体性质的时候，它发挥着重要的作用。超导体中电子间的吸引来自虚声子的交换。

123 而实声子被电子的发射和吸收却是金属电阻的根源，这是蛮有意思的。在低温下，电子在声子发出后马上就将它们吞没（真可以这么讲）了，于是从声子获得了自己的运动，这样，电子就能摆脱加在它自由运动上的限制。超导电路里的电流，一旦流动起来，就能毫无阻碍地一路流下去。

大自然最基本的力量之一是将质子和中子约束在原子核中的力。由于它战胜了难以克服的质子间的排斥力，我们称它为强相互作用。没有这种力，原子核会分崩离析，也不会有比简单的氢更复杂的元素。所以，我们应该花些力气来认识它的起源，当然，我们要试着为它确定一种新的量子场。什么样的场呢？首先我们可以说，那不可能像声子场，因为声子场产生长距离的力，而强相互作用只能是短距离的，有效距离只有10^{-15}米量级。电子为什么能作用那么远，根本原因与它交换的光子没有惯性质量的事实有关，不过为什么会这样，还值得进一步去认识。

假设有两个相隔1千米的电子，我们问，虚光子是如何交换的？

从一个电子发出的光以光速传到另一个电子，然后被吸收。从量子世
界的时间看，这是相当漫长的过程，也占去了一个虚过程所允许的作
用量的相当大的部分。从而光子的能量应该很小，因为能量乘以时间
不能偏离普朗克常数h太多。这对光子来说没什么问题，因为光子的
能量可以要多小有多小。没有能量极限是因为光子的静止质量为零。
所以，两个电子可以想分开多远就分开多远，不论多远，它们都能纵
情量子交换的游戏，因为总有足够小能量的光子来陪它们玩儿。静止质 124
量不为零的量子，能量不能低于静止质能，所以在发射与吸收间隔太久
时，它不可能在虚过程中进行交换。交换的粒子一定不能离得太远。

现在我们可以看到，强相互作用中的粒子一定有质量，那会自然减小交换发生的范围。我们知道范围是多大，所以我们可以计算交换粒子的质量，结果大约是电子质量的200倍。我们知道确实存在具有这样质量的实粒子——它们是π介子。而且，它们有带正电的，有带负电的，还有电中性的，这有助于理解为什么它们能同样的与带正电的质子和不带电的中子发生作用。于是，我们可以高兴地将强大的核力与介子场联系起来。质子和中子在与虚介子玩着交换的游戏（图7.6）。

不幸的是，问题没那么简单。这些占据原子核的和许多出现在高能物理学杂志的所谓基本粒子，根本不是真正的基本粒子。质子、中子、介子和其他有强相互作用反应的粒子，都只有约10^{-15}米的有限大小，而且似乎都是由夸克组成的——重子是3个夸克，介子是2个夸克（夸克和反夸克）。质子的组成是，两个“上”夸克，电荷都是+2/3基本电荷单位，和一个电荷为−1/3的“下”夸克。把夸克约束在一

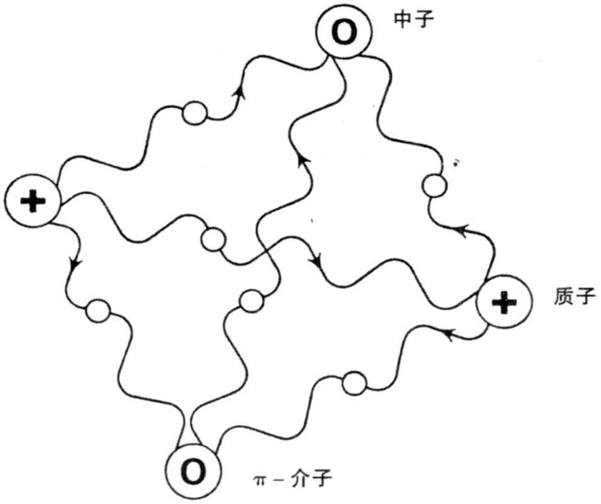

图 7.6　通过虚π- 介子的交换将质子和中子束缚在原子核中

起的是什么呢？不论那是什么样的力，它一定是非常特别的，因为还从没发现过独立的夸克，也许永远也不会发现。这意味着那个力应该很强，足以把夸克束缚在一起。夸克之间的力才是真正的强相互作用，相比之下，原子核间的力就黯然失色了。

125 我们在第2章讲过，夸克是有“颜色”的。一个夸克可以是红的、绿的或蓝的，也可以是它们的“反”色。认识强力的一种办法是通过“色力”，关于这一切的理论有一个响亮的名字，*量子色动力学*。不同颜色的夸克通过交换色场的特征量子而相互吸引。那些粒子是胶子，跟光子一样，没有质量。这意味着强相互作用的范围像电磁作用一样是无限的，但只能作用在像夸克那样的有色物体上。于是，介子和重子不可能有颜色，因为它们之间的相互作用肯定是短程的。夸克组

成强子的法则是，组成结果必须是无色的。在介子的情形，一个介子
由一种颜色的夸克和另一种“反”颜色的夸克构成。在重子情形，三
种颜色都出现了，加在一起便成为无色的。所以，强相互作用不能直
接在核间发生，因为它们都是无色的。这就是为什么我们还需要介 126
子——在两样无色的事物间往来的一种无色粒子。

夸克的约束与我们遇到过的任何事情、任何物体都不同。想想一个红夸克和一个绿夸克是如何束缚在一起的。这需要交换色场的虚粒子——胶子。但那胶子一定得是红－绿胶子，也就是说，红夸克发出一个反－绿和红胶子后，会变成绿夸克。当然还得有绿－红胶子。同样，还有红－蓝和蓝－红胶子，蓝－绿和绿－蓝胶子，而对于无色的交换，还有另外两类胶子。一共有8种胶子。

胶子与光子的一大不同在于，胶子带着上面说的“色荷”，而光子是无荷的。这一点可以解释为什么夸克是看不见的。我们来看夸克附近发生的一个虚过程。夸克是像寻常电子一样的量子粒子，当然也会发扬量子法则赋予它的一切自由。于是，它自己被裹在虚的夸克-反夸克对中，类似于电磁场的情形，我们可以想象，虚反夸克会吸收夸克，而虚夸克会排斥夸克——真空的色极化，将真夸克与颜色屏蔽开来。但是，因为虚胶子带着颜色，例如带着红和反-绿的色荷，会加深真夸克的颜色，这种反屏蔽的结果是，真夸克的色荷在大范围内强大起来，克服了通常的平方反比律的衰减，在远距离上也保持着不变的力。这意味着，把两个或多个夸克分开需要无限多的能量。于是，夸克仿佛被松松的剪不断的弹簧系在一起运动着。在短距离内，它们几乎感觉不到那约束，但在长距离外，弹簧绷紧了，夸克也逃不出去。127

我们不禁想起爱丽丝的白马骑士，他唱道：

我在想一个计划，
要染绿我的头发，
还用一把大扇，
不让人把它看见。

看起来，夸克间的强相互作用就很像这个“扇子－头发场”。[1]

这里面还没有东西能说明质子以外的所有超子的不稳定性。最普通的不稳定超子是中子，它在核外能生存大约一刻钟，然后会衰变成质子、电子和电子反中微子（$\bar{\upsilon}_e$）。也可以从中子的放射性衰变来看这一点。许多粒子都有通过中微子向较轻粒子衰变的倾向，较重的轻子也是这样。例如，μ子最终会衰变为电子、电子中微子和μ-中微子（υ_μ）；K介子衰变为更轻的π介子、电子和中微子。这里，还有一种量子场在发生作用，是超子和轻子都参与的一种作用，叫*弱相互作用*——最大强度大约是电磁相互作用的千分之一——量子粒子是中间矢量玻色子，如W^+、W^-或Z^0。弱相互作用的范围很小，因此矢量粒子的质量很大。

弱相互作用最令人惊奇的地方在于，与其他相互作用不同，它能区分左手粒子和右手粒子。所谓右手粒子，说的是粒子的自旋轴指向粒子运动的方向，反之则是左手粒子。例如，1000个μ^-子衰变，在

1. 这几行诗是白马骑士为安慰难过的爱丽丝唱的一首“很长”的歌里的几句，原来是没有任何意思的（《镜里世界》第8章）。

999例中生成的电子是左手的。然而，如果是带正电的μ子衰变，则它生成的正电子几乎都是右手的。所以，如果考虑电荷，我们就能 128
重树一类对称。不幸的是，在中性K介子衰变时，电荷对称被破坏了。因为$\pi^- + e^+ + \upsilon_e$比$\pi^+ + e^- + \upsilon_e$普遍得多，而在K^0的情形，正好相反。

对称性

我们在电磁和引力相互作用的经历中发现了大量对称性。寻常相互作用的重要模式都总结在能量和线、角动量的守恒定律中。幸运的是这些定律在新相互作用下也能成立。但我们熟悉的相互作用不能帮助我们分辨可能出现在特殊生成和衰变过程中的粒子类型。我们需要凭经验的方式导出更多的表现不变量的定律。

有趣的是，守恒定律是与对称性相关联的。例如，能量守恒定律关联着这样一个事实：不论时间零点选在哪儿，相互作用定律总是相同的。用专业术语，我们说这样的定律在时间平移下不变。线动量守恒的原因是空间平移下的不变性，而角动量守恒是因为相互作用定律在坐标系从一个位置旋转到另一个位置时保持不变。另一个例子是电荷守恒，它最终联系着电磁学定律与零点电势无关的事实。就我们所知，一切相互作用都遵从那些对称性。我们正在通过夸克理论把握核守恒律所隐含的对称性。不论那是什么样的对称，弱相互作用都不会感兴趣的——弱相互作用下的粒子衰变并不服从决定强相互作用的那些法则。

事实上，弱相互作用出名的不是有多少对称，而是它缺哪些对称。

129 另一类对称是镜像表现出来的（图7.7）。在镜子里，右手成了左手，自旋颠倒了方向。如果粒子的某个性质在镜面反射下改变了符号，我们说那性质具有奇宇称；如果性质不变，我们就说它有偶宇称。强和电磁相互作用独立于空间反演，所以宇称是在所有这类过程中守恒的一种性质。令物理学家震惊的是，这个看似基本的对称性被弱相互作用破坏了——宇称不守恒。可能有人还希望，将所有正电荷用负电

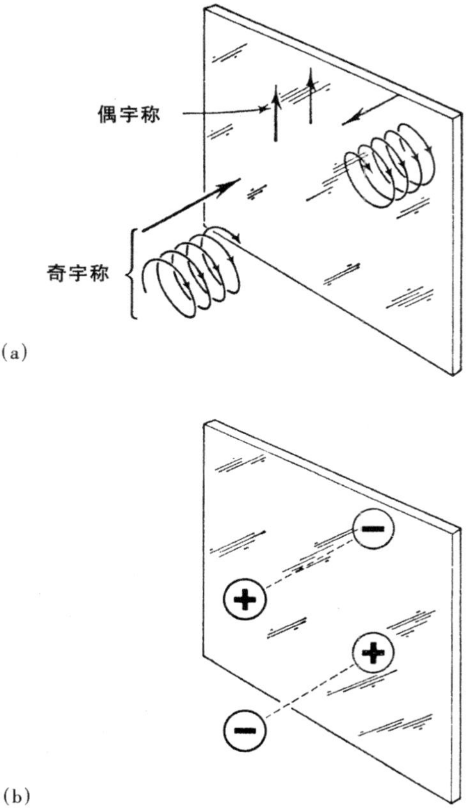

图 7.7　镜像。不论走进空间镜像还是电荷镜像，强相互作用和电磁相互作用都不会改变。而弱相互作用会改变。（a）空间镜像。（b）电荷镜像

荷取代（或者反过来）后，相互作用仍旧像过去一样——表现出一种电荷反演下的对称，但弱相互作用却不是这样的。

我们知道，在某个系统中，大自然有时会偏爱左手或者右手。我们大多数人都喜欢用右手。问题是，没有不准用左手的。从物理深层看，也没有什么东西不让植物反时针盘旋着迎向太阳生长。似乎只有弱相互作用才表现出缺少宇称对称性。

令人遗憾的是，在K介子衰变中，电荷守恒也遇到了同样的麻烦。那行为很难理解，而离开这些基本的对称性，我们也很难构造一个与狭义相对论和电动力学协调一致的理论。摆脱困境的途径是，大胆走进纯粹想象的世界，想想时间倒流会发生什么。对我们认识的所有微观过程来说，如果把这些事件的电影倒过来放，模拟时间反转的情形，物理定律不会遭到破坏。不论量子的还是经典的物理学，都没有什么来改变时间镜像的物理学。微观物理学的方程决不偏好某个时间方 131
向。但假如弱相互作用不是这样的，我们就有可能找到某种退化的对称。假如有某个只有右手正电荷粒子才发生的过程，如果换成左手正电荷粒子，它就不会发生；再以负电荷粒子来代替，它还是不会发生。但是，如果在时间倒转情况下我们用左手负电荷粒子来试验，事件发生了，那么我们就发现了一类新的对称。如果那就是弱相互作用的表现方式，那意义就大了——存在一个微观的时间箭头。假如在某个遥远的星系发现了这种三镜像的事件，我们就知道在那个星系，时间在倒流！不过，也许弱相互作用本来就没有什么对称性。但无论如何，我们还是需要用对称性的缺失来解释为什么物质会比反物质多得多。

总有一天，四种相互作用——强、电磁、弱和引力——会统一起来。每一种相互作用都将作为那个大统一力的某一特殊方面而表现出来。一个统一电磁和弱相互作用的弱电相互作用已经构造出来了；尝试统一弱、强相互作用的理论在神秘地谈论着可怕的X粒子——它能令质子衰变。幸运的是，质子的衰变大约需要10^{31}年的时间，我们早就消失了。最艰难的一步是把引子场量子化。引力场是非线性的，我们不知道该怎么做。不论问题多大，我们都满怀信心地期待着引力子的出现，它是引力场的量子粒子，没有质量，因为引力作用范围是无限的。当然，我们观测到它的机会也不太多。不过，我们在下一章会看到，在引力与质量之间存在着密切的联系。这种联系告诉我们，包括了引力的大统一力能帮助我们解释为什么电子和质子的质量
132 会是那样的。什么在决定粒子质量？引力在基本粒子物理学中发生过作用吗？也许，我们连这些问题都没提好。

第 8 章
质量

随便想点儿什么，就是别哭！

——L.卡洛尔《镜里世界》

让我们回到量子论以前的质朴，把电子想象成带电的台球。在第 133
6章我们讲过，惯性质量的概念是为了解释为什么电场中的电子和带电离子会有不同的加速度，我们也说明了惯性质量是如何走进动能和动量定义的。但惯性质量是什么？我们知道它是惯性的度量，是物体力图保持本来运动状态的一种性质，但这不过是重复，什么也没说。换句话讲，没有一点儿新东西。让我们这样来问：能把惯性质量与粒子的其他什么性质联系起来吗？如果能，事情就比原来的简单多了。我们将看到，那两样性质（其中一个是我们熟悉的惯性）是同一个东西。

有趣的是，经典电磁理论就能解决这个问题！想象一个以不变速度运动的台球电子，它是一个运动的电荷，所以在整个空间里，包围着它的不仅有通常的静电场，还有一个磁场。

惯性的电磁起源

134 包围运动电子的磁场有势能，我们把这个势能加在整个场上，得到空间的总能量，这个空间从台球电子表面向着无限远处延伸。电子球越小，它附近的场就越集中；因此，如果我们假定的台球半径越小，我们得到的能量结果就越大。但这个能量完全来自电子的运动——如果电子停下来，它就为零，因为磁场只有在电荷运动时才会出现。于是，我们可以把那能量看成运动电子动能的一部分。实际上，能量以速度的平方增长，跟动能一样。但动能是与惯性质量密切相关的，所以我们被迫承认电子惯性质量的一部分存在于它周围的整个空间里。让电子停下意味着将磁场破坏，所以电子的惯性，至少部分是与场相关联的。这个结论在今天也还是正确的……但是，为什么说“部分”而不说全部呢？原来，假如我们规定电子半径为10^{-15}米，那么整个电子的惯性质量确实都能用磁场来解释。假如对运动电子也是这样，那么狭义相对论告诉我们的静态电子应具有的静止质能又从何说起呢？只要假定电子是带负电的乌托子球，答案就很简单。静止质能不过是电荷一部分排斥其他所有部分所生成的静电能。电子本来会因排斥而爆炸，但幽闭的能量将它牢牢束缚起来了。于是，运动电子的总能量，静止质能加动能，不过是电子和电磁场的总能量。

这是巨大的简化。所有的惯性，或者说一切力学现象，现在都走进了电磁学的领地。反弹的台球，振动的琴弦，旋转的陀螺——它们的行为都归结到一点：它们都是由基本的电荷构成的。这大概不会太令人惊奇，想想看，我们当初引进惯性质量的概念正是为了解释电荷
135 的运动（第6章）。不过接下来还是有令人兴奋的事情，我们不是还

没有将惯性质量与引力质量统一起来吗？如果产生引力的“荷”，那个我们所谓的引力质量，与惯性质量是一样的，那么引力本身也成了电磁现象！电磁场吸引电磁场。但这种性质不能用我们的电磁学方程来描述，我们需要一个统一的场。

尽管这个简化的模型很诱人，但我们不能接受它。即使在它自己的经典相对论的范围内——即不带一点儿量子的东西——也存在着令人不安的事情。与电磁理论完全相容的狭义相对论要求$E=mc^2$普遍地成立。但是，为了满足这个关系，模型不得不假定电子有一种特殊的，实际上也不那么简单的电荷分布。而且，相互排斥的那些负电荷是靠什么束缚在一起的呢？另一种力还是另一种场？当然不会是电磁场。另一方面，我们当然还有作用量子和相伴的不确定性原理；假如我们想合理地考虑10^{-15}米左右的电子半径，就必须同时接受动量的不确定性原理，那样一来，能量一定会很大。

不过，有些东西还有挽回的余地。我们还可以说，至少部分惯性质量有电磁的起源。那部分的大小依赖于粒子的结构，而最终还得从量子场论推导出来。这个问题的出现，是因为我们想把经典概念推向大约10^{-15}米的距离。问题是，电子究竟有多大？用普通的光是看不出大小来的，因为光的波长太长了。我们只能用γ射线。在这儿我们又 136
遇上了大麻烦。因为每个γ射线光子都聚集成相当大的一团，将它反射回我们假想的γ射线显微镜的电子在受到那样的撞击后，会猛烈地反冲。所以，我们不可能“看到”静态的电子，而总是看到一个离开我们的电子。从远离我们的物体发出的辐射会经历所谓的多普勒频移——就是说，辐射的频率会降低——这意味着我们“看到”的γ射线的波长比用来“照亮”电子的更长。所用波长越短，电子反冲越大，反射光线向更长波方向的移动也更大。结果，进入我们显微镜的最短波长是10^{-12}米，这是所谓的电子的康普顿波长，代表着绝对的分辨率极限。假如电子比它更小，我们永远也不可能用光子去发现它有多小。但它确实给了我们一个上限，如果以康普顿波长为电子的半径，我们至少会落脚在经典理论的有效范围内。通过运动电子磁场能的计算，我们得到这样的结论：惯性质量能可靠归结为电磁起源的部分是1 / 137（图8.1）。有趣的是，这个分数曾出现在原子光谱理论中，在那里它是著名的精细结构常数。

(a) **静止电子，没有磁场**

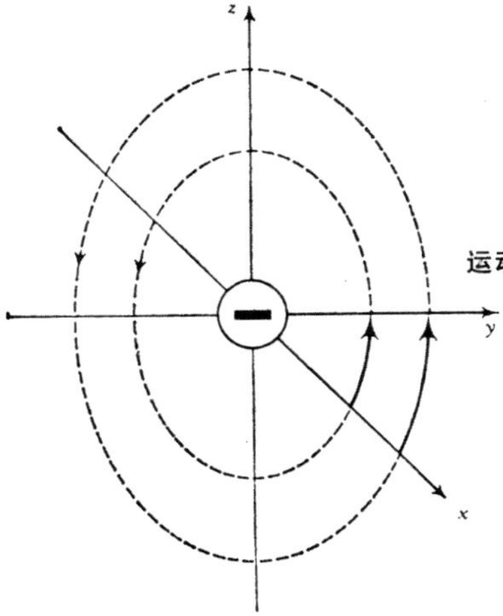

(b) **运动的电子，磁场弥漫整个空间**

图 8.1　电磁惯性。运动电子1 / 137的动能留在周围的磁场里。于是，电子惯性质量的1 / 137是以电磁能的形式存在的

至少部分惯性质量是电磁起源的，那么其余的部分呢？晶体电子的运动为我们提供了线索。看电子在晶体里运动，它们的质量似乎完全不同于寻常的质量。这种“有效”质量不仅与自由质量差10倍甚至100倍，而且在不同方向上差别大小也可能不一样；更可怕的是，它还可能是负的！这些我们都很熟悉了，一点儿也不神秘。发生那些古怪行为是因为电子总是在与数不清的原子发生作用，所以，它的运动与它在真空里的表现大不相同，也就不足为怪了。谁也不会指望通过 137
弹簧与某个大而沉的东西系在一起的台球，能像自由台球一样对外来冲击产生反应。晶体中的电子通过看不见的电磁弹簧与所有其他原子相连，它的行为自然不会与自由电子一样。问题在于，这种差异不是本质上的，甚至也不是程度上的，而是环境造成的。即使在真空里，电子也没能摆脱看不见的电磁弹簧的束缚。

量子场论会告诉我们，那些看不见的弹簧是什么。首先是电子场 138
和狄拉克电子-正电子场之间的弹簧。在电子周围激荡着虚电子-正电子对的质量，弹簧其实是静电的，排斥电子而吸引正电子。这就是我们在第7章讲过的真空极化现象。虚正电子聚在实电子附近，有效地中和了它的电荷。被实电子排斥的虚电子则扩散到电子周围一个半径约为康普顿波长的球内。所以，实际上，从电子的电荷考虑，电子的大小大概就是康普顿波长，这就证明了我们的结论：电子只有$\frac{1}{137}$的惯性质量是电磁起源的。

不过那也许是错的，因为我们没有考虑与电子自旋相关的磁能和电能，而且在电子和光子场的真空涨落之间还存在着另外的弹簧。把所有这些因子都仔细考虑过后，结果却是很简单的：自旋的能量是负的，涨落的能量是正的，它们正好彼此抵消了。我们的结论还是站住脚了。

等效原理

我们并没有成功地从电磁作用中找到惯性的起源，只找到了$\frac{1}{137}$。其余的在哪儿呢？有三种选择：强相互作用，弱相互作用，还有引力。强相互作用显然改变了原子核的质量，实际上还可能影响孤立强子（重子和介子）的质量。弱相互作用太微弱，不会产生多大影响。而且，这些作用如何决定像电子、μ 子等轻子的质量，也不容易看得出来。

惯性与场的作用相关联的想法实在太好了，我们不会抛弃它的。
139 我们知道，粒子永远也摆脱不了场，所以我们自然地认为场会被运动的粒子带着走。毕竟，相互作用也有能量，而通过那个著名的公式 $E=mc^2$，能量就是质量。而且，我们已经发现电荷与电磁场的相互作用可以产生质量，尽管那质量很小。P. 希格斯（Peter Higgs）把这种思想推得更远，他发明了一种质量场——像电磁场那样充满整个空间的一种量子场。质量是在物体与这种场的相互作用下产生的。当然，一定得有场的量子粒子来传递这种相互作用，它跟电磁场的光子一样，也是玻色子——希格斯玻色子。假如这种粒子存在，我们应该能够发现它。

另一方面，引力作用于所有粒子，也许有希望从它那里找到惯性的根源。引力会以某种方式决定惯性质量，这是很奇怪的想法，因为质量当然是决定着引力的。但质量与引力的紧密联系强烈地向我们暗示，惯性质量最终将在所有相互作用中最明显的引力中找到它的来源。

即使那是错的，也值得去发现为什么。当我们从这样的探索中走出来时，我们不仅会带来一个深刻变革了的时空概念，而且还将不可抗拒地为一个思想而激动，那是所有天体物理学事物中最最奇异的——黑洞。

它们都来自爱因斯坦讲的等效原理。引力质量作为一个概念出现的情况，很像静电学中的电荷。它度量了物体周围的引力场强度，或者更具体地说，度量了周围自由物体被激发的加速度的大小。另一方面，惯性质量的概念从根本上说描写的是电磁场中带电物体的加速度（第6章）。在纯引力的情形（单个粒子只通过引力发生作用，这样就 140
把刚体排除在外了），并不需要惯性质量的概念。不过尽管两者的起源完全不同，实验发现，在很高的精度上，物体的引力质量等于惯性质量。如果假定它们是一样的，那么，处在均匀引力场中的实验室里事物的行为，与均匀加速而没有引力的实验室里事物的行为，应该是一样的。在空间的局部区域，引力和适当的加速度是完全等价的。

想象我们在静止的升降机里做实验。在很好的近似下，引力场是均匀的。我们能感觉地板对脚的压力，苹果会垂直地往下落，抛出去的物体沿着抛物线运动。现在，将引力取消，我们会漂在空中，脱手的苹果会停在原来的地方，抛出的物体沿着直线运动。显然，物理情形完全不同了。现在，仍然在没有引力的情况下，以均匀的加速度向上拉起升降机，我们又会感觉到地板的压力。苹果垂直落下，抛出的物体画出抛物线。是升降机在加速，还是引力又回来了？等效原理断言，完全在升降机里的实验不可能区分这两种情形。

显然，如果要生产行星际飞船里的人造引力，我们就能实际运用这个原理了。不过我们同样也能清楚地看到，没有什么简单加速度能替代地球引力——新西兰的加速度与英格兰的加速度差不多正好相反。地球周围的非均匀引力场显然是实实在在的，不可能被理论的加速度抵消。那么，等效性讲的是什么呢？

等效原理讲的是，以加速度来考虑引力场，我们可以发现，通常
141 与运动相关的性质也是引力的性质。这样我们可以知道，水平进入我们加速升降机的光，从对面壁上离开的那一点，比它进来的那一点，会稍微低一些，因为在光从一壁射到另一壁的时候，升降机上升了（图8.2）。等效原理告诉我们，在引力场中静止的升降机里，我们将看到同样的行为：引力使光线偏转了。

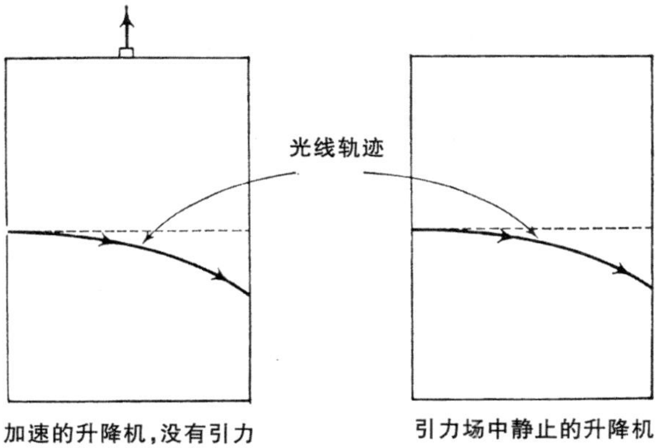

图 8.2 加速度与引力的等效

纯引力与适当大小的加速度的等价性还引出一个奇怪的结论。让 142
我们想象一个在大质量物体（为了感觉舒服些，假定那是一颗冷星）近旁作圆周运动的空间实验室，那里的引力场当然是很强的。我们可以从相对无引力的天文台看他们做物理实验。等效原理告诉我们，如果空间实验室没有引力，而只有一个等效的加速度，那么，那里的物理环境跟我们是一样的。假如那实验室确实在每一点都经历着与那一点的引力场等效的加速度，我们就能从它到达我们无引力天文台的时间很好地确定它的速度，而且能观察到狭义相对论所预言的所有特殊效应。我们将看到它的钟走慢了，长度缩短了，质量增加了。于是，这样的加速度隐藏着所有的狭义相对论效应。假如这个加速度确实在物理上等价于某个引力场，那么当空间实验室没有加速度而确实处在引力场中时，我们也能在那儿观察到所有那些狭义相对论的现象。于是，我们将看到在等效运动方向的径向长度缩短了，而横向长度保持不变；钟变慢了，质量增大了。如果去观测那遥远实验室里的一束光的路径，我们会发现它的速度比应有的速度明显减小了。这种效应的大小依赖于等效的相对速度，而速度无疑是与它在场中那一点的引力势相联系的。

沿这条路线得出的预言，经过在太阳系相对较弱的引力场中的检验，都得到了证实。

然而，还有更令人吃惊的结果呢。引力势存在一个极限，在这个极限的临界值上，径向长度收缩为零，钟停了，径向的光速也没有了。达到这种临界条件的大致密恒星看不见了，因为光不能从它的表面逃逸出来。这种东西就是有名的黑洞。尽管黑洞是看不见的，但原则上可以根据它们的引力场来探测它们，不过到今天还没人“见过”一个黑洞。

我们可以通过下面的估计来看这个临界条件是不是能够用于所有的物体（不论它们的质-能是什么）。如果认为物体的质量集中在一点，我们就能定义引力势能达到临界条件的半径，它的数值与物
143 体质量有关，即$2GM/c^2$，就是著名的物体的引力半径。地球的引力半径只不过0.9厘米，太阳的是3千米。每个值都比物体真实半径小，所以临界条件没有出现。但是基本粒子呢？电子的引力半径为10^{-57}米，质子大约是10^{-54}米。与经典的电磁半径相比，这些数简直成了无限小。我们不能说引力在决定基本粒子的结构中不会产生影响；不过，我们还得多几分想象力，电子可能就是一个带负电荷的黑洞。

在另一个极端的距离尺度上，临界引力势的概念引来了宇宙有限的观点。让我们想象一个在我们周围膨胀的大球，囊括进越来越多的星系，最终球包围的总质量将大到光也跑不出去的程度。这时的球半径便决定了宇宙的半径。计算结果大约是10^9光年，相应的总质量为10^{51}千克，或者说，10^{78}个电子和质子。这是一个了不起的预言，但还有后来的东西。我们发现，至少在我们探测的距离内，宇宙正在膨胀。假如真是这样，就意味着引力常数、总质量或者光速，这些量或它们的组合，会随时间而变化，为的是保持实际半径等于引力半径。在这里，令人感兴趣的当然是基本的自然常数是不是可能随时间改变！

从光线的弯曲到宇宙大小的确定，所有这些引人瞩目的结果，都来自引力与加速度的等效性。不过，我们也不能走得太逍遥；我们还

应该同样去关注那些结构带来的灾难，看看有什么需要补救的事情。

最严峻的灾难大概落在光速，它不再是常数，而与引力势有关。[144] 在无引力环境下的观察者能观测到光速的改变；没有这样特别的观测者，光速改变的事实本身也是可以接受的。其实也不可能有那样的观察者。任何人都暴露在他所在行星和宇宙其余部分的引力中，引力是摆脱不掉的，是普遍存在的。无引力的观察者，像绝对空间和绝对时间一样，带着浓浓的形而上学的味道，违背了操作性和相对性的思想。说到空间，还要多说两句。我们是不是不该用光子的轨迹来定义空间的直线，从而也不该用它来定义我们需要的几何呢？当我们讲光线在引力场中弯曲的时候，我们实际上在假定空间是平直的，直线可以不用光而以其他方式来定义，几何是欧几里得的。

惯性的相对论起源

所有这些灾难，在爱因斯坦的广义相对论中都消失了。那个理论的基本原理是，一切物理学定律对所有的加速观察者——等效原理的说法就是，对所有不论身在什么引力场的观察者——都是相同的。特别说来，光速还是常数，光线还是直线，但几何不再是欧几里得的了。空间的弯曲直接关联着质能的分布。空间的几何（它当然应该是普遍的）便以这种方式紧密地与引力（另一样普遍的东西）联系起来了。

问题就那么奇妙地解决了，也留下了从平直空间观点得到的所有重要效应。不幸的是，到现在为止，我们做的所谓对广义相对论的检验，实际上不过是对等效原理而不是对几何的检验。平直的几何与弯曲的几何，两样理论基本上预言了相同的现象。真正的差异在于基本的哲学观点，问题也就转向了争论加速度是绝对的，还是像匀速那样
145 完全是相对的。假如加速度是绝对的，那么无限远处的观察者就处在一个特殊的地位，因为他的物理环境大不同于引力场中的情况。但如果加速度纯属相对的，跟匀速一样，那么，物理学定律，包括光速的不变性，对所有观察者来说都是一样的，不管他在引力场的什么位置，也不管他的加速度有多大。

我们来看牛顿在1687年出版的《原理》（*Principia*）中是如何认识这个问题的。物体的“自然”运动是让它以均匀速度沿直线运动。
146 如果在旋转的参照里谈这种运动，我们得发明两种“惯性”力，一个从旋转轴指向外，另一个沿切线方向。向外的力是离心力，也就是汽车转弯时我们明显感觉的那种力；切向力为科里奥利（Coriolis）力，也就是在地球上力图使风平行于等压线的力。牛顿考虑了下面的实验（图8.3）。装半桶水，用绳子吊起来，把绳子拧紧，然后松开。于是，桶开始旋转，由于黏性的作用，水很快也跟着转起来。结果，水面发生弯曲，凹面向上。显然，离心力将水推到边缘，因为水是不可压缩的，所以在那儿堆积。在牛顿看来，这意味着可以绝对地区别旋转和非旋转系统。在旋转系统中，水的表面是弯曲的，在非旋转系统中，它是平坦的。

我们还能找到类似的例子来支持这种看法。例如，地球在赤道隆起，等等。这些事例都说明存在与旋转相关的实在的物理学效应，如果地球不转动，这些效应就会消失。那么，我们当然相信旋转不是相对的，而是绝对的。

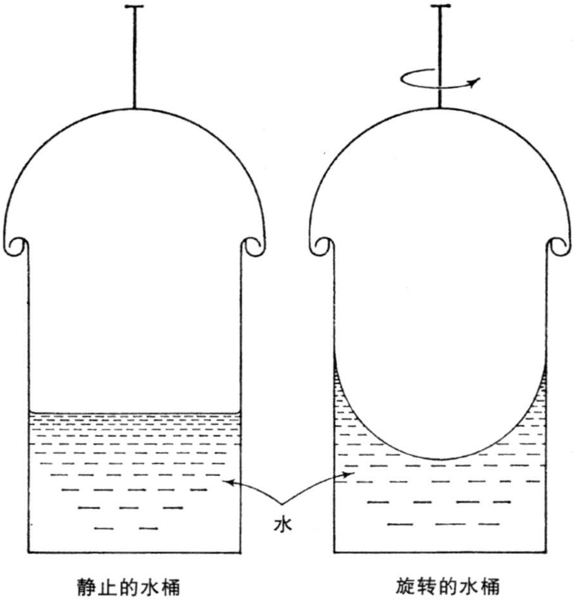

图 8.3　牛顿的水桶实验

不过，贝克莱[1] 早就指出，难得为绝对运动找到什么意义。假如没有恒星（或者说，其余宇宙）的背景参照系，我们如何能讲一个球相对于另一个旋转呢？当然只有相对于那个背景的运动才是有意义的。如果假定宇宙参照系是绝对没有旋转的，我们仍然可以欣然接受这种观点，还不会破坏绝对旋转的概念。然而对马赫[2] 来说，这是不

1. George Bishop Berkeley（1685—1753年）是爱尔兰哲学家，因为否定物质存在而在哲学史上占有重要地位。他认为只有感觉到的东西才是存在的，即使本人没有感觉，"上帝却时时在注视着它"。（顺便说一句，美国加利福尼亚州的Berkeley就用的他的名字，因为他写过一行有名的诗句：帝国的路线取向西方。）
2. Ernst Mach（1838—1916年）不仅从科学中除掉了"绝对"，还想在一般意义上清除在经验中无法找到根据的想当然的东西。马赫对爱因斯坦影响很大，却不接受相对论。

能接受的。在他看来，只存在着相对运动。

照马赫的说法，让水桶静止，而让恒星转动，这同样的相对运动
147 也应该能使水面发生跟先前一样的弯曲，尽管水不像我们想的那样在运动。同样，假如地球静止而外面的宇宙在旋转，赤道隆起也会在地球上出现。我们现有的自然定律都没能预言这一现象，可见我们的定律是不完备的。一般来说，物体的一切惯性性质都是由宇宙中其他事物的存在决定的。这就是著名的马赫原理。爱因斯坦在广义相对论里完全接受了这个原理，并在它的引导下达到了弯曲时空的概念。但至今还没有一个令人满意的关于宇宙物质影响下的惯性质量的理论，尽管席艾玛（Sciama）提出了一个简单模型。

照席艾玛的观点，惯性力源于引力作用的一个新分量，与加速度成正比。这种新力完全类似于电磁波产生的力，而电磁波当然来自加速的电荷。物体在加速时，会发出这样的引力－惯性波。让我们来看一个自由落向太阳的物体所经历的这种力（图8.4）。假如加速度真是相对的量，我们就能很满意地描述这种情形：让物体静止，而其他一切事物在相反的方向上加速。这样，太阳在向着那个物体加速，宇宙间的其他事物也经历着同一个加速度，而我们的物理形势还应该是相同的。看看作用在物体上的力。通常的引力还在，它使物体向太阳运动。这一点不会改变。但是，假如物体还是静止的，那么这种吸引力一定被另一种相反的力抵消了。这就是席艾玛的新力，正比于加速度，而且跟类似的电磁力一样，与距离成反比。太阳和宇宙的其他事
148 物产生这种新力，是因为它们正在加速着。但是，我们走得越远，在一定距离内的物质质量就会越多。照球面来看，质量随距离平方而增

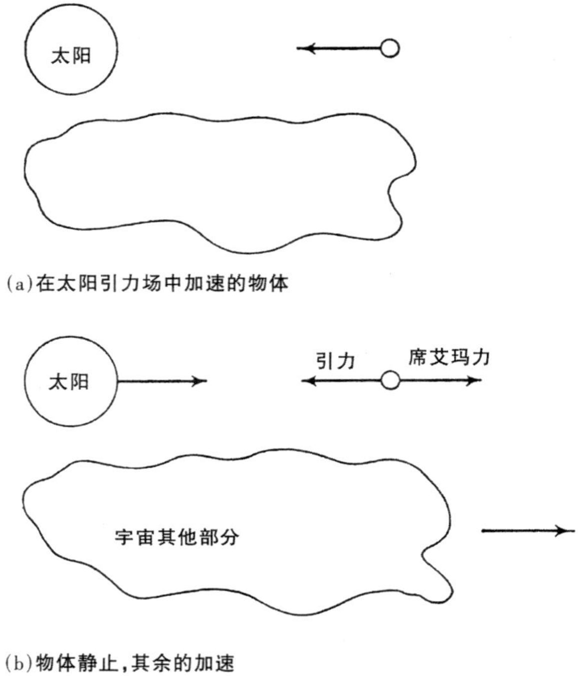

图 8.4 相对加速度。(a)在太阳引力场中加速的物体。(b)物体静止,其余的加速

大。这样,当我们走向外面时,物质总量的增加会超过席艾玛力随距离的减小。结果,新力的主要来源是大量遥远的星系。只要总质量M 149
和宇宙半径R满足一定条件,这个力正好平衡了太阳的引力。那条件是$2GM/Rc^2=1$,这里G是引力常数而c是光速。有趣的是,这是广义相对论里经常出现的条件,它定义了我们前面讨论过的宇宙引力半径。

假如加速度是相对的而不是绝对的,那么物体的惯性质量度量了宇宙的其他事物对它的作用力。多么惊人的想法——当你加速跑步

时，你的肌肉正在与星系的力量搏击，而那些星系即使拿最大的望远镜也看不见几个！

席艾玛等人要为惯性找一个宇宙学起源，我们在本章前面还讲过从量子场论寻找惯性质量的起源，两者的追求是截然不同的。一个必须去思索还没人怀疑过的远距离事物的影响，以挽救广泛意义上的相对运动的概念；一个必须把我们关于微观物质的概念推向无限小的尺度，以计算基本粒子自能，从而计算惯性质量。在这些基本问题中，最大和最小尺度的物质都卷进来了；而我们不免会感到，在大自然的基础上存在一条有力的纽带，连结着宇宙和基本粒子这两个尺度的世界。总有一天我们会找到那条纽带。不过，发现它的理论还得回答惯性以外的另一个问题。那个问题我们还没提过，因为现在还没有什么东西说明答案在哪儿。那就是，基本粒子为什么会有我们观测到的那些质量？

第 9 章
机会

“混沌”坐着当裁判，

判出更多的混乱，

他就靠混乱来掌权。然后，

一切都由一个高级的裁判

“机会”来总管。

——弥尔顿《失乐园》[1]

简单和复杂

如果有一个美妙的思想体系来解决一个事物与另一个事物的相 150
互作用问题，当然总是好的。可是真实的世界要比那复杂得多。想想看，这会儿，组成这本书的原子正发生着数不清的相互作用；在每立方厘米的任何固体中，大约有10^{22}个原子（难以想象这个数目有多大），每个原子都与所有其他原子发生着不同程度的电磁相互作用，共发生10^{44}个；即使在稀薄的物质如我们呼吸的空气中，每升体积内

1. 第二部907—910行，离第3章引的几行很近。弥尔顿根据《圣经·创世记》描写的宇宙初始状态确实很有物理学味道。原诗“混沌（Chaos）”、“机会（Chance）”是大写的拟人化的统治者，在我们这里，它们也是自然现象的主角。

也存在着10^{22}个左右的分子，它们相互碰撞，也撞击包围它们的边壁。大量的事物在不停地运动，运动本身也在不停地变化，这似乎才是我们周围真实事物的本质。该如何来描写这种混沌的状态呢？

当然，物质具有的性质中也有简单的。例如，它有一定的空间体积，有引力，有惯性质量。在原则上，它有可数的粒子和有限的变化模式。它还可能带电或者被磁化；另外，它可以整体地运动，像飞过
151 网的网球或旋转的陀螺。对这么一些性质，我们关于同一空间和时间，能量和动量以及各种相互作用的概念，仍然是非常适用的。但是，对于物质内各事物间的相互作用引起的混沌的内部运动，这些概念又能说些什么呢？

根本说来，只有对能观测的事情，它们才能予以描述。悬浮在液体里的小颗粒随机地四处游荡，即所谓的布朗（Brown）运动（以发现者的名字命名），反映了液体分子对颗粒的不断碰撞；气体在容器壁上产生压力；任何网球选手都能感觉球打在球拍上的力。压力不过是碰撞分子的表现。从坏收音机或电视机中听到的嘶嘶杂音（或者说“噪声”）来自电子的随机运动——一种无意义的非相干行为。哲学家和“犬儒”们[1] 会从这些现象看到令他们满意的东西。而对自然科学家和实验家们来说，这些现象却有根本的意义。科学家追求混沌的意义——从随机事件的背景里抽象出信息；实验家则关心测量精

1. cvnic，作为一个哲学派别，是从安提斯泰尼（Antisthenes，前441? —前371）开始的，他“宁可疯狂也不愿快乐”；而他的弟子狄奥根尼（Diogense，前412? —前323）则决心像狗一样生活，因此得到“犬儒”的名声。他是亚里士多德同时代的人，但从他开始，哲学多少成了逃避的哲学，失去了热情和活力，不能指望它去促进艺术和科学。通俗的犬儒主义并不教人禁绝世俗的好东西，只是有点儿漠不关心而已。不过，在生活中，这种态度真的有点儿“玩世不恭”（这是cvnic的普通意义）（参见罗素《西方哲学史》卷一第三篇）。

度的极限。宇宙到处发生着这些可怕的事情，与我们对完全认识的要求是截然对立的。在追求意义的过程中，我们不可避免地要遭遇它们，并向它们挑战。

也许，认识混沌状态的更重要的原因在于，到目前为止，我们考虑的物理学思想只有在粒子很少的情况下才令人满意，而且还不能解释我们熟悉的一些寻常事情。比如，关于加热和冷却，它们说了些什么？我们从温度计上读的摄氏多少度是什么意思？它度量的是什么？ 152
特别地还有，为什么魔术是幻觉而不是现实？例如，为什么打碎的眼镜不会自动补起来，为什么屋子里的空气从来没有突然挤到一个角落里去？问题是，物理学定律，不论力学的，电磁学的，引力的还是核力的，并没有禁止这些事情。我们可以将那些影片倒放——眼镜自动补好，空气冲向角落，爆炸的东西又聚集起来——而不会破坏任何一个定律。能量仍然守恒，动量也可以。但是，这些事情从没出现过，为什么呢？定律成了哑巴，它们还不够完整。

概率

不够完整的原因是没有与大数相连的思想。当物性在极端情形时——如绝对坚硬的，理想弹性的，极端微弱的或者无比强大的——物理学总是特别简单。这时候，概念单纯，理论表达也简洁。只是当物性在各极端之间的模糊的灰色的区域时，事情才混乱不堪。在仅有几个粒子的情形，我们的物理学一直都还很好，很简单。我们能希望在面对大量事物时，还能在另一个极端出现同样简单的伙伴吗？是的，我们能。如果说秩序与确定性是一个极端，我们能在绝对无序和无知的另一端找到简单的思想吗？可以。我们有管束大数行为的东西——关于概率的定律。

概率应该说跟空间、时间、能量和动量等是一样的基本概念。但是，尽管很容易把握什么是空间，什么是时间，也不难学会和区分什么是动能和动量，“机会”（也就是概率）有时却似乎很难理解，偶尔还会与直觉产生冲突。

大家都会同意，在抛掷硬币的时候，正面（head，H）和反面
153 （tail，T）完全是一样的。我们可以定义正面和反面的数学概率各占1/2。两种可能性的总和为1，它说明要么正面，要么反面，总是一定会出现的。如果硬币以某种方式加过工，更容易出现正面，可能性还是只有两个，但正面的数学概率的分子会比1大（但比2小），说明两面不对称了，两个可能性没有相等的权重。不过，我们在这儿还是假定它们的权重是一样的，那么扔两次硬币都出现正面的概率是多大呢？这时候，可能出现两次正面，或者两次反面；还可能第一次出现正面，第二次出现反面，或者相反，第一次出现反面，第二次出现正面。于是，总的说来，有四种可能的情形，两次正面不过是其中之一（图9.1），它的概率为1/4。我们可以用第一次出现正面的概率乘以第二次出现正面的概率来得到这个结果。所以，扔10次硬币出现10次正面的概率是1/2再与自己乘9次，即 $(1/2)^{10}=1/1024$。如果仔细去数，我们确实会发现有1024种可能的情况，只有一次是10个正面的。

如果我们硬想在10次硬币的抛掷中出现10次正面，成功与失败的机会是1比1023。假如哪个赌马的人，以这样的赔率来下注，那么

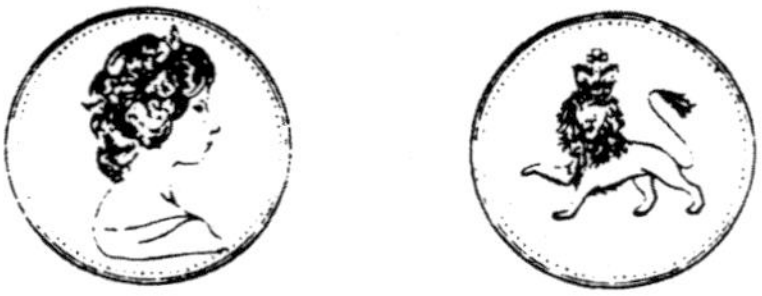

图 9.1　掷硬币的可能结果

从长远看，不论他还是庄家都不会赢的。(实际上，我们该是很幸运的了——我们从那些自尊的赌徒们那获得的管理费呀、税呀、工钱呀，有1／100。) 现在我们开始扔硬币。第一次扔出一个正面。这不奇怪，因为正反面的赔率是1比1，机会均等。第二次又是正面——这机会是1比3；第三次正面(1比7)，接着又是第四次正面(1比15)。好了，反面该出现了吧？可是没有，第5个还是正面(这机会是1比31)。[155] 当我们往下扔出6个(1比63)、7个(1比127)…… 正面时，我们一定会想下一次出现反面的机会应该越来越大。扔出9个正面(它的机会是1比511)后，第10次出现正面的机会是1比512(正好满足1023比1的赔率)，所以我们差不多能肯定扔出一个反面来。大家都普遍这样想，可惜错了。第10次扔硬币时正反面出现的机会是相等的，每次也都是这样。前头扔出的结果，不能影响以后的任何一次。错误的根源在于我们把扔10次正面的概率当成一个不随时间变化的常数。在扔硬币前，它的确是的。一旦我们开始扔了，每扔一次它显然都会发生改变。例如，如果第1次扔出1个反面，那么扔10个正面的概率就从
155 1 / 1024变成零了。正面扔出越多，成功的概率就越大。如果在扔第10次时已经先有了9个正面，那么成功的概率就上升到了1 / 2。

话题扯远了。其实，更重要的是，在扔10次硬币中，最可能出现5个正面和5个反面。这是因为，在这10次事件中，5次正面和5次反面以不同次序出现的组合方式比其他的组合更多。10个正面的序列是很罕见的。最可能的结果是由相同数目的正面和反面的组合。在这里，我们从最可能的结果看到了从偶然事件产生出来的秩序。我们关心的正是那些最可能的事物的状态。

从概念上，我们可以试着简化扔硬币的游戏。那就是，把它看成一台机器，平均说来产生一样多的正面和反面，而忽略所有其他的可能。这样的想象怎么样呢？在扔两次硬币时，正面最可能出现的次数是1，但1次正面也没有或者两次都是正面的情况也是经常发生的。这样，我们大致可以把可能出现的次数写成1 ± 1，它对应着100％的误差。从这点看，把扔硬币作为一种生成相同数目的正面和反面的方法是大错特错了。扔10次的情况会多少好一些。这时候正面的希望值是5个，但我们也不会惊奇看到6个、7个或者4个、3个正面。当然，如果出现9个或者10个，2个或者1个时，我们也会感觉太不走运了。这里可以把希望值写成5 ± 2，即40％的误差。这个误差小了，但还是

很显著。从数学上我们可以预计在大数情况下的误差是多少，结果是 $1/\sqrt{N}$，这里N是扔硬币的次数。在100次抛掷的例子，误差降到了10％。如果我们令人难以置信地扔10^{22}次，误差为10^{-9}％，也就是一千亿分之一。面对这么大的数字时，我们可以忽略最可能状态以外 156
的一切事情，不会有人来吹毛求疵。

大数

像10^{22}这样的数，凭着它的巨大而变得非常简单。但是，我们必须关注的最可能结果的本质是什么呢？如果说，包含10^{22}个正面的情形代表着最大的有序和知识的确定，那么最可能状态则代表着最大的无序和无知。从另一种意义说，完全正面的状态没有一点个别选择的自由，而最可能状态则包容了最大的自由度。在完全正面的状态，如果哪个硬币渴望翻转成反面（我们想象它们也是有渴望的），它就会威胁状态本身。而在最可能状态下，怀着这种心愿的硬币却有许多办 157
法劝别的某个反面变成正面，这样它能遂愿地成为反面，而又没破坏原来的状态。于是，最可能的状态也是最稳定的，因为它是最无序的。不论怎么排列，正面与反面总是一样多。不论如何表现，它们都一致地定义同一种状态。在这一点上，我们不禁想到人类社会也有相似的地方，不过我们很坚强，能很好地克制自己。

这样，刻画最可能状态的有两个因子。一个是组成的分布，即相同数目的正面和反面；另一个是无序的度。用什么来度量*无序*呢？最简单的是看达到最可能状态的正反面分布的方式有多少。我们称那个数为C。对扔两次的情况，$C=2$，正面，反面，或者反面，正面。对扔10次来说，C成为252，就是说，有不少于252种方式能达到5个正面和5个反面。[1] 在10^{22}的情形，C是一个天文数字（大略是2的10^{22}次方）。C随扔硬币的次数近似指数地增长，这本身并不怎么可怕，但
157 我们感觉它有点儿像第4章的百合钟。从2次到10次，我们感觉无序增加了5倍，而不是126倍。另外，我们来考虑两个10次组合的情形。一组的一种状态，都对应着另一组的252种状态，因此这个组合系统的总状态数是252×252，这又和我们的自然愿望冲突了。无序度增加252倍，而我们感觉不过多了1倍。另外，还有一点不令人满意的。在$C=1$时，没有什么无序，所以表示这种状态的数当然应该是零。

很幸运，有一个C的数学函数可以克服所有这些问题。那就是C的自然对数，写作$\ln C$，它的数值可以从自然（Napier）对数表上找到（图9.2）。[2] 取过对数后，指数变化成为线性变化，这样，无序就可以相加而不需要相乘，它还保证在$C=1$时的无序为零。看样子，这是更令人满意的一种无序的度量，实际应用也证明了这一点。于是，在2次、10次和10^{22}次硬币投掷的情况下，最可能状态的无序度分别是$\ln 2=0.69$，$\ln 252=5.53$，$\ln 2^{10^{22}}=6.9\times10^{21}$。

现在，为了从硬币游戏走进现实世界，我们再来看两组10个硬币的组合状态，这对理解为什么几乎不会发生魔术里的事件是极重要而根本的。我们已经讲过，在1组里面，无序是$\ln 252=5.53$，在组合状态，它是$\ln(252\times252)=2\times5.53=11.06$，是单组情形的2倍。现在我们

1. 学过概率论的读者应该记得，这是一个典型的贝努利（Berlouli）事件；没学过的人也不妨用组合方法计算一下。
2. 自然对数是苏格兰数学家纳皮尔（John Napier，1550—1617年）在1614年发明的；后来的常用对数（以10为底）是布里格斯（Henry Briggs，1561—1630年）在前者基础上改进的。

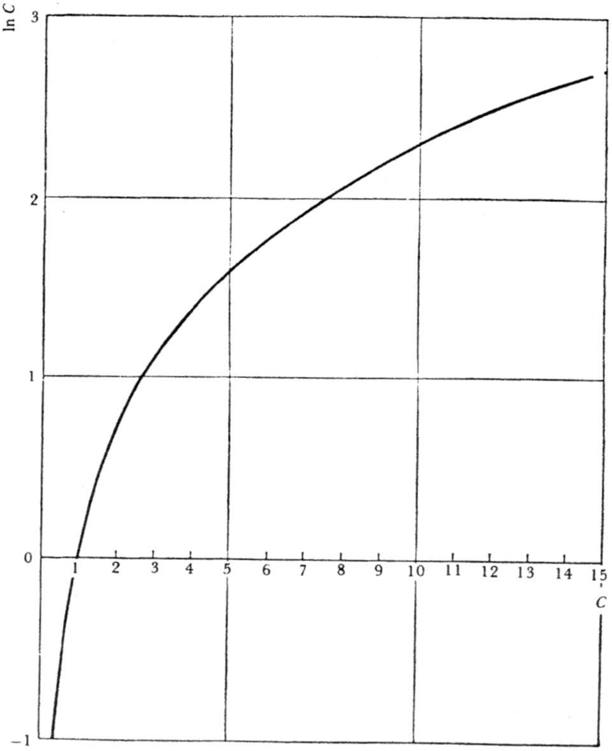

图 9.2　自然对数曲线

提一个有趣的问题：如果把两组混在一起，就是说，扔20次硬币，情 158
况会怎样呢？它与原来那两组的组合怎么比？显然，正面的数目不会变——一种情形是10个，另一种情形是两组5个。然而，从两组分别扔出的5个变成20次里扔出的10个，可能性增大了。算一算就知道，在扔20次的情形，$C=185000$，[1] 从而无序度ln$C$为12.13。在未混合的

1. 准确地说，$C=184756$（为什么？）。

159 组合情况下，无序为11.06。这样，把两组扔10次硬币的实验“混”在一起，做一组扔20次的实验，无序增加了，而最可能状态从表面看仍然没变，还是10个正面，10个反面。我们相信，现实的系统的行为就是这样。

一个实际的物体，不论它与其他物体发生什么相互作用，结果总是整个系统的无序增加了（至少是不变）。从本质上讲，这就是力学第二定律的一种说法。打破的镜子不会自己补好，是因为在那种情形，镜子与空气和地面的相互作用方式会减少无序。其实，这种行为也不是完全禁止的，只是它发生的可能性太小，我们可以不考虑。当然，我们同样可以希望在风中飘扬的手绢会突然有节律地振动起来，为我们带来一个经典的机会选择。它可能那样，但它几乎肯定不会那样。相反，它更可能翻卷像一块破布。如果我们同意，在一个自然系统中，最可能状态是最有希望发生的状态，那么我们也不得不同意，在两个或更多系统发生混合时，总的无序度实际上肯定会增大，或者保持不变，但绝不会减小。这样，从大数和机会的特征里产生出一个有力的自然律，它能解释我们宇宙中的许多事情。

不论我们考虑扔硬币还是考虑真实的多粒子系统，如果还用那种无序的概念，那真实世界里的最可能状态描述起来就是一件非常复杂的事情。一个真实的系统包含着大量的不同类型的粒子，它们单独运动，也集体运动，在一定的时间里占据着一定的空间体积。描述这样的最可能状态显然是更不可能了。不过，能处理好这个问题的思想却来得简单而直接。

首先，我们提出一个摆脱了时间因素的概念。想象一个长时间一 160
直不受干扰的真实的与周围自然接触的系统，这样它的性质就与时间无关——就像往冰箱里放一块肉，让它达到里面的温度并一直在那儿。我们说系统这时与周围达到了热力学平衡。如果我们把心思都放在热力学平衡的系统上，那问题就简化多了。

接下来，我们要确定系统粒子的数目和类型以及系统占据的体积。这关乎粒子的识别和系统的空间。于是，我们必须罗列并确定所有可能的动力学状态。这意味着要具体确定一个粒子或波可能具有的每个动量值（这实际上比想象的更容易做到）。因为我们假定自己知道这个系统的物理学，所以能量与动量的关系在所有情形也都是已知的，从而系统所有可能的能量状态也就能够确定了。我们可以把那些状态想象成许多小盒子，我们要把粒子和量子放进去。这样，我们可以考虑有多少可能的放粒子的方法，然后找出最可能的分布，即最无序的状态。

热量和温度

但是，为得到一个准确的答案，我们还需要明确一些东西。我们需要定义两个量。一个是总动量。在静态系统中，粒子和量子在一个方向上的动量与相反方向上的动量相等。因为动量是有方向的量，所以这种条件下的总动量为零。如果考虑运动系统，我们会走进神秘的相对论热力学领域，我们最好还是只关心那些简单的“待在家里”的
物体。需要定义的另一个量是总能量。它有确定的大小，由所有动能 161
和振动能量加在一起。实际上，它就是热能，或者更通俗些说，是系

统热量的总和。热量不过就是随机运动的能量。在一定总能量下，我们可以发现最可能分布，并由此导出某些平均量，如粒子的平均动能或者波的平均振幅；我们也能发现系统的无序。增大热量会增加对所允许的能量状态下的粒子和量子的干扰方式，那也令系统更加无序。反过来讲，减小热量可以减小无序。因此，我们看到总热量是一个很重要的物理量，它对每个系统都必须是确定的。

遗憾的是，物体的热量概念在实际应用中却显得很可怜。走进一间寒冷的屋子，我们会说感觉到冷，但那并没真的说明屋里的热量是多少。一间大的冷屋子可能比一间小的热屋子里的热量多。我们讲的实际是温度。在热的研究中，我们并没看到热量总是从高热物体流向低热物体；这也不要紧，因为冷屋子的热量还可能流向电火炉，而不是相反。决定热流向的量是温度的差别，而不是总能量的差别。热总是从温度高的物体流向温度低的物体。物体热是因为它的温度高。温度才是重要的，热量不是。

那么，温度是什么呢？它与热量的区别在哪儿？我们能凭感觉直接感知温度。我们制造了温度计来测量它。在一切与物体的热行为有关的性质中，温度是最有意义的。不过，在我们的统计模型里，还没有能够解释什么是温度的概念线索。关于系统，我们已经用过很多概念来描述，如粒子的数量，粒子的类型（分子、原子、电子），量子的
162 类型（光子、声子），能量状态，总能量，最可能分布，还有无序。所有方面都谈到了。温度不属于那些具体的量，那么它一定与它们之间的某些关系关联着。温度的思想肯定已经隐含在我们的模型里了，不过我们还得把它挑出来。

首先，温度必然与热量紧密联系着。尽管不同物体的热量对比不能很好说明哪个物体更热，但在体积一定的单个物体的情况下，能量的增加总会提高它的温度。所以，对任何一个系统来说，热量越大，温度越高，总是正确的。但是，我们可以让系统增大1倍而温度不变，在这个过程中热量会增大1倍，但从温度上反映不出来。温度与系统大小无关，而与总能量有关。这说明温度应该与总能量除以某个量有关，那结果是不依赖于系统大小的。换句话讲，它与代表系统冷热程度的某种平均能量有关，那平均能量是什么呢？

现在说的能量不过是所有粒子的动能加上所有振动模式的能量的总和。我们自然想着用总能量除以粒子和振动模式的数目来构造一个特征能量，但这样做是不行的。从纯粹平动与振动的力学差别中可以找到一个原因。讲得专业些，平动有3个自由度（前后、左右和上下），而振动只有2个自由度（向前或者向后）。如果把这一点考虑进来，我们得到的特征能量确实就像温度那样，当然，如果量子效应可
以忽略的话。在经典物理学适用的范围内，完全可以把温度看作粒子 163
平均动能或者振动的平均动能的度量。现在，能量用焦耳度量，而温度以理想气体压力定义的绝对温度来度量。理想气体压力为零时，气体的温度就为0开尔文。在这样的绝对温标[1]下，冰在273K融化，水在373K（大约）沸腾，所以它的1度也等于摄氏温标的1度（图9.3）。联系能量与温度的转化因子是著名的玻尔兹曼（Boltzmann）常数，符号k，等于1.38065×10^{-23}焦耳/度。于是，特征能量记作kT，这里

1.绝对温标是开尔文（W. T. Kelvin，1824—1907年）从理论（热力学第二定律）上定义的与体系性质无关的温标，绝对零度的存在可以认为是第二定律的另一种表达方式。摄氏温标是Celsius Anders（1701—1749年）在1742年提出的，华氏温标是Gabriel Daniel（1687—1736年）设计的。从图中容易看出，摄氏和华氏温度的数值关系是$F=32+1.8C$。

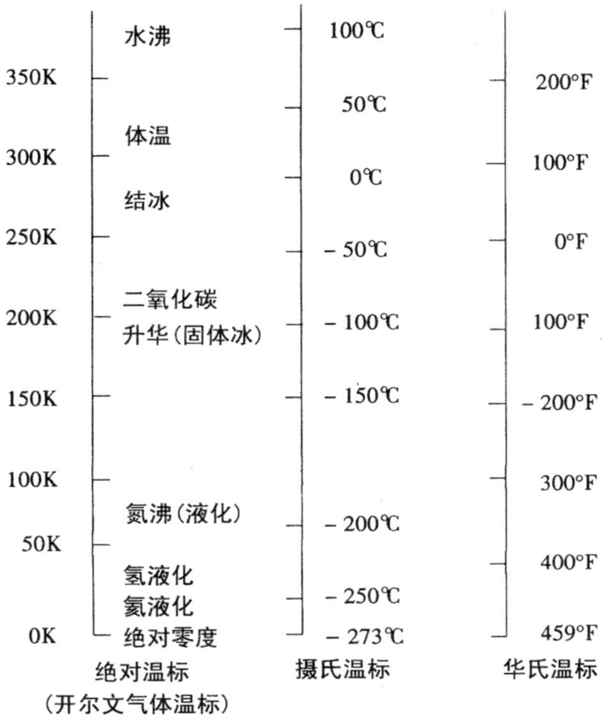

图 9.3　温标

T是绝对温度。结果，粒子的平均动能为$3/2kT$，每一振动模式的平均振动能量为kT。两者之比刚好反映它们自由度之比。

不幸的是，这个方法不能用于量子领域。为认识这一点，最简单的办法是考虑一群电子。电子服从泡利不相容原理——没有两个电子能处在同一个状态。当温度降低时，低能态被充满了，许多电子被迫留在高能量状态（图9.4）。绝对零度时，电子群的总能量尽可能地

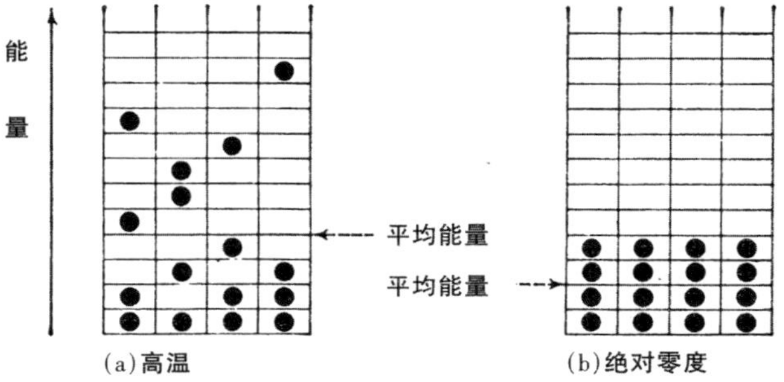

图 9.4　动力学状态下的电子。泡利不相容原理只允许每个状态存在一个电子

小下去，但不可能为零。实际上，电子的平均动能还可能相当高。显然，平均能量与温度的简单关系在这里完全失败了。

这个时候，温度不能用平均动能或平均振动能量来定义。我们需要更一般的东西。我们试过用粒子数和振动模式的数目来定义系统的大小，可是失败了。那我们的统计模型还留下什么可用的呢？答案是，“无序”。

想想下面的实验。空气装在一端是刚性壁另一端是可移动活塞的 164
圆柱体中。少许热量使空气膨胀，将活塞沿柱体稍稍向外推动。假定
热量都用来推动活塞了，则不会引起温度的上升。由于这时气体占据 165
着更大的空间，所以它有更多的途径达到最可能状态。换句话说，它增大了一定的无序。一定量的能量的加入产生了一定的无序的增加。于是，应该存在一个特征能量，对应于产生单位无序增量所要求的总能量。我们把那特征能量认作是 kT。

令人高兴的是，温度的这个定义在量子和经典场合都能适用。为把温度与无序相联系，我们将它的定义从系统不同部分的具体统计性质中孤立出来。温度将衡量系统生成更大无序时会遇到的困难。一定的能量在低温比在高温下，会增加更多的无序。反过来讲，在低温下
166 从系统带走一定能量，将比在高温下生成更大的有序度。完全有序对应于绝对零度。因为无序最终是与粒子数和模式数紧密联系的，所以我们不会感到奇怪，在平均能量基础上的温度定义能接近真理；不过，温度与产生无序的能量间的关系却是更基本的事实。

熵

让无序乘以玻尔兹曼常数，我们得到一个单位为焦耳 / 度的物理量，这就是有名的熵。这样，温度便是使熵增大一个单位的能量。在任何具体的统计模型还远没出现时，人们就发现熵的概念是必要的，可见熵对热力学这门科学来说是多么重要。在任何热力学过程中，熵是永远不会减少的一个量。这也就是热力学第二定律的内容。熵与无序概念的结合，是统计物理学的一大胜利，它让我们完全认识了第二定律。

于是，机会（概率）在物理学中扮演的角色跟引力和电磁作用一样重要。它在大量事物中间协调着能量的分布，定下基本定律引导着能量从一方流向另一方。概率定理在平均意义上决定热量从热物体流向冷物体；决定永动机永远不可能发动，因为那机器需要有序的能量，而能量却总是向着无序变化；它还告诉我们一个由增长着的熵所决定的时间箭头。从局部讲，熵也可能减少，例如电冰箱；但对一个大系统，例如冰箱和它所在的房间，总熵总是要增大的。我们能成功开动

机器不过是因为存在着有序，可以利用有序来做有益的事情。幸运的是，世界远不是热力学平衡的，还要经过漫漫长路，无序才可能走到世界的每一个角落，走近它最终的极限。接近最大无序的状态似乎无论如何也不会存在像我们这样高度组织的生命形式，所以，尽管那时的机器没有多少有序可以利用，也与我们无关，而成为一个纯学术的 167
问题。

事实上，宇宙即使在经历10^{10}年的“衰落”以后，也还是一个高度有序的地方。在宇宙尺度上，物质大量聚集在星系里，决不均匀地四处扩散；氢核里存在着巨大的可利用的能量，在气体的星云里卷起旋涡。在我们的家园，太阳的氢聚变燃烧产生一股有序的能流，温暖着我们的大地，点燃了大气和海洋这台巨大的气象发动机，而这台机器把能量储藏在石油、天然气、煤炭和其他矿物燃料里，还孕育出似乎高度不可能的生命物质的化学组织。无序可能最终会赢，但某些有序系统最后的抗争却可能是勇猛顽强的，因为它们有保卫自己的力量。

有序系统用以保护自己不受无序侵害的力量之一是能量壁垒。矿物燃料只有在加热后才燃烧。为启动生热的化学燃烧反应，总需要一定的能量。爆炸需要雷管；为了克服反应的迟钝，还是需要输入能量。只有当外加的能量足以克服两个质子间的静电排斥时，氢核才能聚合在一起。为了以一种可以控制的方法克服那个质子壁垒，全世界要花去好多的国民收入。（这个难以逾越的堡垒倒也不是什么坏事，否则的话，机会的箭要飞得快得多。）另外，由于自身的性质，有序的系统会掘出能量的陷阱来包容各个组成部分，保护它们的组织不会被普遍的平均过程消灭。阱越深，系统越稳定。每个系统都有一口能量的井，有的还有势垒的保护（图9.5）。要破坏这个系统，不仅需要将它从井里拉出来，还得拖着它爬过一座山。能量的井与垒在抵抗着无序。

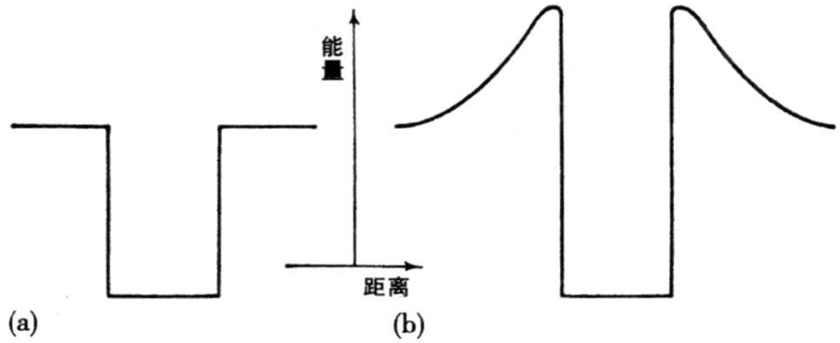

图 9.5 （a）势阱（例如，原子核中的能量）。（b）带势垒的阱（例如，质子或原子核附近的能量）

它们常常能将无序转化为有利因子，让它在局部产生有序。因为，我们能够度量一个系统的无序——例如，所有跳动着的粒子。假定两个或更多的粒子可能结合起来，为自己挖一个势阱，从而形成一个小小的有序系统——不过，为做到这一点，它们得克服一个势垒。如果粒子动作小，或者说系统温度低，就不会有多少粒子能爬过那个垒。现在，如果我们提高温度，增大粒子活力，换句话说，也就增大了系统的无序；而这时候却将形成更多的有序小系统！总体的无序在这里或那里产生了局部的有序，这真是意想不到的！当然，如果我们继续提高温度，那些有序小系统最终会破裂，但不管怎样总存在着一个无序的范围，不仅能够而且实际上还有助于生成局部的有序。（生命也许就是从这样的怪圈里生出来的。）

混沌

但是，概率还有另一个基本的方面。在经典物理学中，我们总能彻底认识复杂系统的动力学模式，不会遇到任何麻烦。原则上讲，我们可以决定系统每个元素的初始速度和方向，然后用牛顿运动定律去 169
描述以后任意时刻的状态。我们愿意，当然，实际也需要在时间越晚时越精确地知道那些初始条件，从另一方面说，如果我们在建立初始条件时已经到达了精度的极限，那就只好满足那个状态的一种近似图像了。那么，新的是什么呢？物理学到处是近似的东西。甚至还有的系统连近似的图像也得不到，这就是新的物理。那些棘手的系统实际上是很普遍的，它们的特征在于它们表现着动力学不稳定性——对初始状态的一点儿偏离会随时间以指数方式增大。结果可能是混沌。

在关于混沌的教科书里，有许多这类系统的可怕事例，它们可以用来教训年轻的决定论者。大气和它与阳光与海洋的相互作用是一个寻常的例子，它常令最老练的计算机和更老练的气象学家狼狈不堪。我们都知道，天气是不好预报的。引发飓风、龙卷风和局部地区雷雨的气象不稳定性都是不可能预报的。即使在简单得多的系统里，也存在着那样的可怕状态，初始条件的无限小改变会导致性质完全不同的终点。只有在系统初始条件以无限小的精度刻画时，才可能确切地预言状态的演化。这样的系统只要存在一个，就足以在实践中（且不说在原则上）破坏决定论，因为不可能有综合的无限精度。于是，我们不得不引进随机和概率的概念来取代确定的能量和动量。不过，从原则上说，在经典物理学里，一切事物都是可以认识的，即使那实际也是不可能的。在原则上，我们不需要概率。一切都由第一运动决定，170

或者也可以说，第一推动决定着一切。爱因斯坦说过，“上帝不玩儿骰子。”但是量子粒子的行为彻底摧毁了那种想法。由普朗克常数度量的粒子的内禀动力学自由度不允许我们摆脱机会的选择。量子自由说明在根本上是不可预言的。于是，概率的定理不可避免地成为我们认识的一个基本组成部分。物理学定律必然是统计学定律，因为没有什么东西是完全确定的。

然而，量子世界还有一个方面影响着我们的概率思想，那就是非定域现象。下一章我们会更全面地讨论它，不过正如许多实验所揭示的，量子自由原来是系统的性质，而不是组成系统的哪一个粒子的性质。由于系统总是广延的事物，于是量子效应不仅是统计的，也是非定域的。从某种意义说，这意味着对应于量子理论预言的每个可能性，许多宇宙正在不断地出现（下一章会多谈一些）。非定域性意味着这样的活动在每个宇宙中都是与量子相关联的。

假如这种相关行为带着一个不论多小的矢量——一个方向，或者目的，事情会怎样呢？假如事情不那么随机，又怎么样呢？我们将被迫面对一个有目的的古老的世界图景，要去说明它，清理它，决定用什么实验来检验它。我们还得审查我们关于随机的先验思想是不是还适用。毕竟，我们已经看到，宇宙可能是唯一的。

第 10 章
大白鲨

如果哪天我碰到大白鲨，哎呀，
一刹那（我敢说），
我就会瘫软着倒下——
想起来真令我害怕！

——L.卡洛尔《大白鲨之猎》[1]

在物理学中，除了台球、重子、黑洞和布朗运动，还有那可怕的 171
大白鲨。遭遇它们的时候，它们总会令物理学像那位寻猎的面包师一样，“瘫软着倒下”，轻轻地突然消失。也许存在一个令人困惑的场，场的量子就是大白鲨玻色子，但我们对它还知道得太少，它恐怕还不能真的在大统一理论中争得一个位置。如果说在真实世界里存在什么是一个重要问题，那么，不存在什么，也一样是重要的。物理学如不

1. L. Carroll的*The Hunting of the Snark*（1876年）大概是英语里最长最好的“没有意思”的诗（nonsense poem）。我们知道他的“爱丽丝”就是大大有名的“没有意思”的书，但似乎还比这诗“有意思”。说的是几个人去猎怪物（那几个人的职业很有趣，英文头一个字母都是B，也许Boojum也是这么来的），题目里的snark是作者生造的字，大概是snake+shark，所以有字典说是“蛇鲨”；不论怎么叫，总之是没有的怪物。船上的打钟人（Bellman）说，snark一般是不害人的，但“有些是Boojum——”面包师（Baker）一听到这名字就吓得消失了，然后就是他讲的故事（第3章），这里的几句就是他的话。译文中的“大白鲨”都是Boojum，也是Carroll造的字（或者说他借的，因为有一种树也叫boojum）。译者的“大白鲨”，不过是随便一说，觉得好听而已。读者不难看出这里讲的物理学的大白鲨是什么（第2章引的几句是原诗第5章的开头）。

能与应用数学或宗教区别，就该小心大白鲨了。[1]

首先，它必须警惕一些独特的事情。有破坏力的大白鲨是一个；更麻烦的是，每个物理学家是一个独特的人，每一个物理实验都是在一个独特的时间在独特的环境下的独特场合中做的。如果想谈点儿独特的东西，我们最好写诗或者画画。如果想说点儿永恒的无所不在的东西，（也许实验就是一个好例子！）我们必须摆脱这些独特的东西。
172 但那是科学方法的基本组成部分，已经成了科学的第二本性。能永恒存在和运动的是从现实世界中特别抽象出来的东西，我们以为那是理所当然的，说那是科学。有时我们会忘记，被抛弃的那些独特元素才真是世界的一部分 —— 也许比抽象更真实。

宇宙学真遇上了与那奇特的大白鲨有关的问题，还有比这更特别的吗？据对物理学事物的经验，我们相信有且只有一个宇宙。但因量子论，物理学定律却一定是统计规律。它带来的结果成了整个科学中最令人疑惑的概念。想想物理学的圣杯，[2] 那是一个闪光的容器，闪着一丝神秘主义的微光，里面装着一个神圣的方程 $U=0$（U是万物），具体表现了大统一理论（the Grand United Theory，GUT），融合了四种相互作用，还有相对论和量子行为。除了把宇宙本身装进GUT，还有更合适的东西吗？可是应该记住，GUT是统计的 —— 它除了能说事物是统计系综的一个部分，对于独特的事情，什么也不能说。所以，

---

1. Boojurn有时出现在低温物理学中，描写某种液氦现象，这种很专业的用法当然不太可能与我们这里的用法混淆！—— 原注
2. 圣杯（The Holy Grail）原是象征基督的器皿，后来成为许多文艺作品里人们梦想的圣物，最有名的是亚瑟王传奇中的圆桌骑士们寻找的那样东西［例如，马洛礼（Mabory，T. ？—1471年）的《亚瑟王之死》（*Le Morte D'Arthur*）］。

如果要把宇宙自身装进GUT，我们实际上假定存在着一个宇宙的系综！现在，我们有了一切事物中最大的一个，当然是了——一个宇宙的系综！统计宇宙学的大门打开了……

在为发展宇宙间的转移技术而激动之前，还得小心另一个量子行为的重要性质。量子自由不是属于哪一个孤立粒子的东西。在包含了两个或更多粒子的系统中，不可预言性是与系统而不是与系统的组分相关的。系统行为从某种意义说像一个黏结的整体。我们来看一个例子。

假定在某个总自旋角动量为零的粒子衰变过程中，产生两个质子，
沿相反方向飞出。两个质子构成单独一个动力学系统。我们知道质子 173
是有自旋的，因此为了自旋角动量守恒，两个质子的自旋一定也是相反的。一般观点认为，每个质子在产生时获得各自自旋，然后带着它飞走。量子论却有不同的说法。它认为，两个质子构成了一个确定的系统，它的能量、动量、自旋等性质是相互关联的，由一个波函数来描写。我们不能像平常的观点那样为每个质子赋予一个确定的自旋，唯一能确定的是总自旋，它等于零。在寻常的观点看来，就自旋而言，系统由两个没有相互作用的部分组成；而量子理论看到的却是由不断相互作用着的部分组成的一个系统。两种观点的统计原来是不一样的，我们可以做一个实验来看哪种观点是正确的。质子一旦分离了，还有确定的自旋吗？或者是不是可以说，自旋本来是不确定的，它的选择像系统的量子自由一样被抑制了，只有在系统被迫与测量仪器发生相互作用时，它才能选择？答案是，系统在享受它的量子自由。通常的想法错了。两个质子都没有确定的自旋，但每个质子都知道对方在做

什么——只要系统不受干扰——所以总自旋总为零。更令人惊讶的是，这种行为似乎并不在意质子分离了多远，至少在以米度量的尺度上是这样。量子自由的这种相干行为不仅限于原子大小，也能延伸到宏观距离。它大概还挑战了相对论，因为它引发了瞬时相互作用，不管怎样，量子自由是非定域的性质。自由充满了质子占据的整个空间。由此产生的系统内动力学行为的相关性改变了概率的活动。

174 既然这类相关性出现在任何一个系统中，它当然也应该出现在由系统构成的系统或别的什么情形。例如，系统A由一个波函数来描写，它的演化完全遵从薛定谔方程；系统B也由类似确定演化的一个波函数来描写。系统A和系统B相互作用，所有可能的结果都由一个概率来描写，而概率由描写不断演化的一个新的波函数决定。容易看到，这种想法的极限是描写整个宇宙的巨波函数概念。所有组成部分，不论分离多远，都是相关的。世界是一个大写的"一"！

在这一点上，物理学很有些新柏拉图主义的哲学味道，而更确切说，是斯宾诺莎的味道。[1] 斯宾诺莎的理论建立在旧哲学的物质观上——属性可加在物质上，而那物质本身却是独立于其他事物的。他从逻辑上简单证明，照那个定义，只能有唯一一种那样的物质，世界上的每一种事物不过是那个基本物质的一个方面。在现代物理学中，与斯宾诺莎的物质相似的是宇宙的量子场。但是，如果宇宙是一个有机的整体，那么我们的整个分析技术——把复杂系统打碎，在碎片

---

1. 斯宾诺莎（Benedict de Spinoza，1632—1677年）是荷兰哲学家，他的形而上学体系是哲学史上最完善的。他所谓的属性是"理智所能认识到的组成实体的本质的东西"。他认为属性有无限多，而人只能认识两种，即思想和广延。因而宇宙是能完全意识的占有空间的整体（见《伦理学》（*Ethic*））。

上建立科学——就不能带来正确的图像。描写那个宇宙的“一”，真的会像去猎那头大白鲨。

事情还没完呢。将宇宙所有方面都可怕地统在一起的大宇宙波函数，从本质上讲是统计的，这意味着，在某种意义上，每时每刻都有大量的宇宙出现。我们看到，那是一头不那么忠实的大白鲨！这都与大波函数的崩溃有关。想想第2章的双缝实验。通过缝的电子的运动
由波函数来描写。波函数为屏幕上的每一点预言一个电子到达的几率。175
如果电子“决定坦白”它的到来，那波函数会怎么样呢？在扔硬币的游戏里，正反面结果出来时，原先的概率就崩溃了，波函数也会这样吗？也许，它还继续存在下去，照薛定谔方程确定地演化，而这时它
不但描写电子，还得把屏幕也包括进来！我们大多数都选择第一种情 176
况，认为波函数在电子与屏幕碰撞后就过期变质了。另有一些人想象我们看到的结果不过是决定了波函数起初预言的多个平行宇宙中的一个。多宇宙理论看起来很荒唐，我们却很难清除它。为摆脱那头多心眼儿的大白鲨而坚持一个宇宙的我们遇上了真正的问题。我们没有令大家满意的波函数崩溃理论，不过，我们也没有突然瘫软地倒下！

我们遭到那恶魔，那大白鲨的袭击，是因为我们走得太远，远远超越了我们的理论赖以建立的经验范围的极限。大白鲨出没最多的地方莫过于不那么专业的思维问题。量子论应谨记政府的健康告诫：“这个理论能致人头脑发热。”首先，不确定性原理为人们带来了现成的自由意志的解释；其次，量子非定域性留下了心灵感应的空间；第三，波函数的崩溃多少是由思想的崩溃产生的。可怜的量子不得不承受沉重的负担。它的发明原是为了解释在亚微观水平上活动的基本粒

图 10.1　大白鲨

子的奇异性质，不会也不可能令人满意地推广到宏观物体，尽管在实验室里偶尔出现过我们精心设计的例外情形，例如量子非定域性。大脑是宏观的事物，即使它的一点，与基本粒子相比也是宏观的。而且，大脑功能（这才是最重要的）不可能约化为原子或分子，而属于完全不同的范畴，就像电脑的软件与硬件截然不同。所以，量子不可
177 能在自由意志或心灵感应中起什么有意义的作用。要不，物理学早就消失了。同样，波函数的崩溃在于我们看到了事件的发生，这是一些令人尊敬的物理学家曾经提出的观点，但他们没有认识到这正是那头大白鲨。

当然人们也在勇敢地努力去发现一个关于宇宙力量的大统一理论，它还包容一个统一了场和粒子的包罗万象的理论。我们感觉会有一个成功的模型，在那个模型里，我们会看到场和粒子从多维的超介质中凝聚产生出来。为了描写那些粒子族之间的深层关系，一定存在着一些对称，甚至超对称。数学将走向它的极限。在这里，实际也潜藏着一头奇异的大白鲨。它的存在，在1931年前甚至没人想过，而那年，哥德尔发表了一篇惊人的论文，告诉人们数学能做什么，不能做什么。我们通常认为，在数学里建立一些公理，然后从公理导出数学事实。当然，数学的确是这样发展起来的；但哥德尔证明的却是，在算术系统中总存在一些事实不能从有限的公理集合推导出来。存在不能从系统导出的事实，如果系统完备，是能够导出它们的。这种以系统外的方法发现的事实，总能通过增加恰当的公理而纳入系统。但还会有别的事实…… 所以，不论我们想象的物理世界的理论是什么，如果只跟实验相联系，它们都会在某个阶段卷入算术系统。哥德尔的证明意味着，在大自然总可能存在某些关系是现有理论不可预言的。我们至多能有一个“几乎包罗万象”的理论。

看来，在我们对自然事物的解释中，大白鲨完全可能出没在基
本的实体中间。我们需要知道它会在哪儿出现。我们说过独特性中 178
的大白鲨，外推过程中的大白鲨和哥德尔的大白鲨，当然，还会有别的大白鲨。它们有奇特的性质，被吸引的人看不见它们。理论家似乎是特别危险的，但他们还能及时地高兴地跑得远远的。然而，我们还可以用魔咒来驱除那些怪物。我们问“什么样的经验能告诉我们，理论是什么，它是否能被暂时地接受？什么样的实验，我们能在星期一早上9点钟做，还能确实地带来结果？”或者，也可以像休谟（David

Hume）那样问，“那个假定的观念是凭什么印象产生出来的？”我们知道，遇到休谟，那些大白鲨都突然地悄悄消失了。[1]

1. David Hume（1711—1776年）是哲学家中的一个最重要的人物（罗素说的），他把经验主义哲学发展到了逻辑的尽头。在《人性论》（*Treatise of Human Nature*）里，他开始就讲“印象”和“观念”，“我们所有的单纯观念在首次出现时全是由单纯印象来的。”在这里，作者似乎在说，经验主义能让我们摆脱物理学中的大白鲨。

第 11 章
奥妙

Woe unto them that join house to house,
that lay field to field, till there be no place.

——*Bible*: Isaish[1]

我们不应该停止探索,
我们一切探索的目的,
都是回到我们出发的地方,
然后第一次将它认识。

——T. S. 艾略特《小吉丁》[2]

回顾时空和万物的探索,我想,我们不禁要大吃一惊。不是惊讶我们对自然认识了多少,而是惊讶还有那么多不认识的。不仅如此,

1.《圣经 · 以赛亚书 · 葡萄园之歌》里的几行(5:8),原文引的是钦定本。和合本的文字稍有不同,中译为:"祸哉!那些以房接房,以地连地,以致不留余地的……"原是斥责社会的不公平。这里将原文列出,是为让读者看到"field"(场)的影子。
2. T. S. Eliot(1888—1965年)是20世纪最有影响的英语诗人(读者大概知道他最有名的《荒原》)。他羡慕贝多芬后期的几个四重奏,于是自己也写了《四个四重奏》(*Four Quartets*, 1943年),这里引的是第四首最后一节的几行。"小吉丁"(Little Gidding)是一座旧庄园的名字,诗人曾在一个冬天访问过它;这首诗是回忆带来的沉思。

我们还会油然产生一种登山的感觉——当我们登上一座高峰时，会看到原来隐藏在山后的峰也屹立在面前。当然，那种经历是任何探险者都能体验的，它使登山成为激动人心的事情。当我们发现一条通向顶峰的路，当我们到达巅峰，第一次看见从没想过的万千奇观，该是多么振奋，又有多少事情能比得上呢？但是，山顶上藏的奥妙不止这一样，尽管它可能是最动人的。在我们经过的地方，还藏着更深的奥妙，像那满山的洞穴，令人感到幽深和遥远。关于它们，我们什么也不知道。

例如，让我们来看一块我们曾经当做子弹的石头，它不过是我们
180 在周围看到的无数石头的一块。我们知道它由无数可能分子中的一定数目的分子组成。我们知道分子由原子组成，而原子只有100余种。我们知道原子由电子、质子和中子组成，而我们认为这些粒子由叫夸克和部分子（或者随便你叫它什么子）的真正的基本粒子组成。我们在原子山中漫步，越过一峰又一峰，现在来到可怕的夸克峰前。它是最高的那个峰吗？会不会还有一整座山要爬？或者，还有万山迎面而来？

我们关注物质间的相互吸引，说那是引力，用引力荷、空间和时间来描述发生的事情；我们关注电和磁的现象，用惯性荷、电荷、电容率（当然还有空间和时间）来描述发生的事情。我们认识到空间和时间不可分割地联系着距离和时间的测量，我们选择了由电磁学通过光速定义的一个时空框架。我们发现了令中子衰变的弱相互作用力；也发现了将质子和中子束缚在原子核内的强相互作用力。更奇异的是，我们发现基本粒子仿佛在自由地活动，而不顾经典的因果律，我们用

概率波和作用量子来描写这种行为。我们发现宏观事物习以为常的机会也表现在单个的粒子行为，我们发现熟悉的可靠的关于能量和动量的观测定律只能在统计意义上成立。为包括这种现象，为满足粒子-反粒子的生成和湮灭，我们发明了量子场。我们用它以令人惊奇的精度推导了氢原子的电子能级。我们在量子场的有效水平上理解了自然，[181]覆盖并占领了大块的领地。可是，当我们漫步青山，渴望奇观的时候，别忘了还有洞穴和深坑。

我们强烈感到，在这美丽的自然图画下面藏着一个万千交错、形影朦胧的迷宫。为什么惯性质量与引力质量那么相似？亚微观粒子的惯性行为能找到同整个宇宙的物质联系的道路吗？基本粒子为什么会有我们所观察到的质量？我们在这儿遇到一个大洞窟，在物理世界的任何地方都能看见它，那是一个*质量的洞窟*。它在向勇敢的探险者招手，带他们去发现黑洞和粒子背后的最大与最小之间的联系。

洞的旁边是一个*无限零点能*的大坑，在狰狞地向我们挑衅。人们常在它周围徘徊，但都没能走过去，那个断路的深渊实在应该填满。量子场受这种零点涨落的干扰，不断地产生和湮灭它的粒子。任何一个动力学模式的能量永远不可能为零，也不可能比它的零点能更低。一个粒子可能的动力学状态可能会有无限多个，于是，总能量即使在真空里也可能是无限的。能量产生的引力场，在这种情况下也将成为无限。一定出了什么大错。我们的动力学模型的概念在高能情况下是不完备的。一定存在某种东西能切断能量的总和，不让无穷出现。这样的切断也许能够发生，因为空间从本质上说是原子的，而不是连续的。可能存在一个基本长度，从而也该有一个基本的周期，因为时间

182 与空间最终是相互联系的。像晶体，空间有晶格结构，它的单位元胞比原子核还小；像时钟，时间在嘀嗒声中流逝。这当然是纯粹的想象，但值得认真考虑。

说到空间和时间，我们还得指出有一个洞窟。真正去探过险的人没几个不感到恐慌的。那可怕的东西就是维数洞窟。四维的空间（为什么停在四呢？），多维的时间甚至虚时间，正引诱着好事的人们进去。在它旁边，还有一个略微令勇敢的人们喜欢的时间洞窟，在那儿可以选择引力时间、中微子时间和核时间，可以大胆质问普遍使用的电磁时间是不是还能用。我们经过了那么多未知的洞窟，最后还应该来看看统一洞窟。我们可能会在那儿看到引力和电磁力综合在一个统一的场论，它最终会包容强弱相互作用，能解释由基本常数组成的无量纲数为什么会是那样的。

这些数是大自然永恒的奥秘，像擎天大柱屹立在原野。当然，基本常数本来的大小是没多大意义的，因为它们依赖于如何选择长度、时间、电荷、质量等标准。例如，以米/秒为单位的光速是（大约）3×10^8，如果用厘米/秒为单位，就增大为3×10^{10}。只有无量纲的数才有意义，因为它们不依赖于单位的选择，从而是纯粹的数。最突出的无量纲数是有效度量电磁相互作用强度的精细结构常数，$e^2 / 2\varepsilon_0 hc$，这里e是基本电荷，h是普朗克常数，ε_0是介电常数（电容率），c是光速。它的值是一个纯数，很接近1 / 137。如果我们以q“荷”来定义核
183 束缚，则得到类似的强相互作用的量，$q^2 / 2\varepsilon_0 hc$，结果大约是1。同样，弱相互作用是10^{-13}，而引力的量级则小得多，10^{-39}。这样，四种基本相互作用的相对强度为1，10^{-2}，10^{-13}，10^{-39}。

这些数，连同我们在前面几章里提到的数，如最大与最小长度之比（10^{+40}），最长与最短时间之比（10^{+40}），宇宙中质子和中子的数目（10^{+78}），最终都将获得解释。现在，它们还是物理学原野上的一座座奇峰。

我们得通过那一切来关注大白鲨。丰富的数学在等着我们去构造关于万物的宏大理论，但最终还得回到三维空间和一维时间的现实世界，那是我们一切经历的来源。另外，我们还得考虑科学方法在所难免的局限。我们就像走在钢丝上，常常战战兢兢地在应用数学和宗教般的科学热情间摇摆。将来，我们需要特别敏感地将基本物理学从那些数学和宗教的东西里区别出来。

无疑，更多的洞穴还等着攀登者去发现。例如，在寻猎夸克的路上，或者在尺度的另一端，在寻找黑洞的时候，在探索类星体的时候——对这些天体吞噬能量的速度，我们的物理学还认识得太少。但是，物理学的活动不光是钻洞和登山，还有许多原野上的探索，它们的一般地理情况我们已经知道了，奥妙来自宏观事物本来的复杂性，而不是理论的基本结构。想想固体土地上丰富的矿藏；低温世界里奇妙的裂缝；半导体和绝缘体领域内令人眼花缭乱的物态……另外，高分子聚合物也走进了物理学的天地。想想液晶，火山的深绿玉髓；倾斜虚幻的激光束……有的地方，珍宝在表面上，等着我们去拿；有的 184
地方，珍宝深藏着。没有哪个地方没有珍宝。另外，想想化学的沃土和多彩的生物学次大陆……在所有的土地上，基本结构都建立起来了，在遥远的山脚下或群山中，我们很少看到洞穴和深坑，更多的等着我们去探索的是活跃着的令人困惑的生命和非生命物质的复杂性。

事物的奥妙，关联和相互关系的奥秘，复杂性的奥秘，正在唤起我们的好奇和向往，不论登山的人，钻洞的人，还是探矿的人，都来吧！

尾声
自然力的交易[1]

我们说空空如也，
我们说如也空空，
我们说量子的笑容。
看万物飘忽不定，
谁能说时间匆匆？
没完没了的问题，说也无穷！

她送我一粒光子，
还照亮不了自己；
我把它从头剖开，只为看个彻底；
还把它泡进洗涤剂，
不让它四散分离。

她幻化出中微子，
一百，一百，还有多多。

1.这首“诗”就很有Carroll的味儿了。作者写了量子场、真空、四种相互作用，也写了各类基本粒子（读者应该能够从这些“没有意思”的句子里看到物理学的真相吧）。诗里用了些双关语，玩儿些文字游戏，“说得太随便，有点儿不像话”；译者也译得很随便，为的是让读者觉得“有点儿像诗”，从没有意思里想出一点儿意思来。

亲朋好友都来，把一条条禁律吓破；
我看见了，小鬼，
一个对头一个姐妹。

她给我一个电子，
说那电荷应有代价，
我给她四十粒子，尽管它不是太大。
看呀它实在可怜，
比重子差得还远。

她传来一颗中子，
说它就要远行；
它却滔滔不绝，说自己该是颗星星。
我想“裂变的损失多大，
它才是政治家”。

她最后唤来超子，
超子紧皱着双眉。
它叹息十二个新便士，抵不过半块黄金币。
“唉呀呀，我真后悔，
悔不该走进了八卦堆。”

她发出镭射的光辉，
她走进绿色的春雷，
她留下漆黑的洞穴，不留下一点儿伤悲。

“老伙计，请进！”这是谁在答应？
我敲门问，“这是哪家的陷阱？”

那是古老的引力子，
要歇脚在夕阳黄昏。
阳光落进*GM*的荒林。
我说“那不是我的家”，
它说“我正在喝一杯茶”。

我们说空空如也，
我们说如也空空，
我们说量子的笑容。
看万物飘忽不定，
谁能说时间匆匆？
没完没了的问题，说也无穷……

附录1

基本物理常数[1]

物理量	符号	数值	单位
真空中的光速*	c	299 792 458	m/s（米/秒）
基本电荷	e	1.602 176 462（6）$\times10^{-19}$	C（库仓）
真空介电常数*	g_o	8.854 187 817 ··· $\times10^{-12}$	F/m（法拉第/米）
普朗克常数	h	6.626 068 76（52）$\times10^{-34}$	J·s（焦耳·秒）
引力常数	G	6.673（10）$\times10^{-11}$	Nm^2kg^2（牛 顿·米^2/千克^2）
玻尔兹曼常数	k	1.380 650 3（24）$\times10^{-23}$	J/K［焦/开（绝对温度）］
玻尔半径	a_o	0.529 177 208 3（19）$\times10^{-10}$	m（米）
电子的静止质量	m_e	9.109 381 88（72）4$\times10^{-31}$	kg（千克）
质子的静止质量	m_p	1.672 621 58（13）$\times10^{-27}$	kg
中子的静止质量	m_n	1.674 927 16（13）$\times10^{-27}$	kg
电子的康普顿波长	λ_{Ce}	2.426 310 215（18）$\times10^{-12}$	m（米）
质子的康普顿波长	λ_{Cp}	1.321 409 847（10）$\times10^{-15}$	m
中子的康普顿波长	λ_{Cn}	1.319 590 898（10）$\times10^{-15}$	m
电子磁矩	μ_e	−928.476 362（37）$\times10^{-26}$	J/T（焦耳/特斯拉）
质子磁矩	μ_p	1.410 606 633（58）$\times10^{-26}$	J/T
中子磁矩	μ_n	−0.966 236 40（23）$\times10^{-26}$	J/T

1.原书数据较老，我们在这里摘录的是美国科学技术数据委员会（CODATA）推荐的基本物理常数（1998）（见*Rev. Mod. Phys.* Vol. 72，No. 4，April 2000）。带星号的常数是理论定义的精确值；其他数值末尾括号里的数是最后两个有效数字可能的最大误差（±）。

附录2

大小数表示法[1]

数量级	前缀	中文译名	符号
10^{-18}	atto	阿	a
10^{-15}	femto	飞	f
10^{-12}	pico	皮	p
10^{-9}	nano	纳	n
10^{-6}	micro	微	μ
10^{-3}	milli	毫	m
10^{3}	kilo	千	k
10^{6}	mega	兆	M
10^{9}	giga	吉	G
10^{12}	tera	太	T
10^{15}	peta	拍	P
10^{18}	exa	艾	E

1.表名和10^{15}、10^{18}两数是译者加的。

索引[1]

A

1. 这是很简单的索引，所以常在页码后看到“ff”，意思是该名词自那页后多处出现。

B

C

D

E

F

G

H

I

K

L

M

N

O

P

Q

R

S

T

U

V

W

X

Z

译后记

译者

2001年元旦，香港

小书译好了，专等着在今天来写最后几句自己的话。因为去年的今天在做同样的事情。这样感觉起来，时间似乎还没有流过；或者说那是在人生旅途表现的另一种时间对称性。

刚拿到这本小书时我想，它既不新，也不奇，凭什么走进也许应该是新而奇的《第一推动丛书》呢？当我读校样时才觉得它应该来，早一些来还会更好，可以作为后来那些新书的导引。

这本小书谈的尽是大问题，借中国画的表现手法说，是写意的；不讲故事，也不说历史。但物理学的基本思想和概念都说了，一个概念，一个思想，几点笔墨。从时间和空间到狭义相对论，从质量到广义相对论，从概率到量子论，都是自然走出来的。也许读者会失去发现者当年的激动，但从思想角度说，这才是最动人的——自然的概念描写自然的现象，还有比它更好的吗？反过来讲，如果什么理论令人感觉有许多强加的东西，那它离伪科学就很近了。

讲什么，不讲什么，对大题目的小书来说是艰难的抉择。作者做得很好。在相对论只谈时间膨胀和空间收缩，在量子论只谈不确定性原理，在引力论特别讲了惯性质量。它们本是“山里的洞”，说也说不完，但在这里却说得很特别，别人说过的意思有了，别人没有说过的他也说得精彩。例如，学过相对论的人大概还在疑惑：一个关于时空的理论，在时空概念还没有形成时，却把涉及时空的光速作为一个前提，这在逻辑上当然有问题。关于相对论的许多书好像没有直面这个问题，而作者明确给了一个说法——那不过是一个“美妙的陷阱”；“我们所能做的，不过是用世界的一点去考察另一点”，在光速的约定下回答其他的问题。另外，我们在过去的许多科普读物里会看到细长的人以近光的速度骑在扁轮的自行车上。那也是错误的想象，然而流传甚广——实际上，洛伦兹收缩是看不到的，我们能看到的现象是旋转了一个角度的（而不是缩短了的）物体，关于这一点，作者特别费了些工夫来说明，我们要谢谢他。

原书每一章只有一个大题目，像小说一样。这可能是作者希望的效果，让一个个物理学概念像小说角色那样自然出现，自然走进读者心里。像上面列举的例子一样，读起来真有那种感觉，这当然令人欢喜。但是考虑到还有对物理学了解不够系统的读者，译者在文章可能的缝隙间添加了一些小标题，把自己认为应该突出的东西提出来，当然并不都能起到概括作用。

从这本书我们可以懂得，物理学是追求简单的，甚至有时（包括现在？）还去追求如作者所说的“乌有乡的物理学”，于是我们“远远”地看到在物理学中出没那么多形形色色的“大白鲨”——说“远远”，是因为作者站得高，而读者的确也离得远。而就是这些远问题，会把许多人拉近，让他们走到一起来。

小书的可爱还在于作者引用了许多古典文学作品的片断，那些句子固然能唤起一些物理学的联想，还原物理学的艺术本色；而更多的大概还在增添作者写作的乐趣，读者阅读的乐趣，当然那也是译者翻译的乐趣——有关的背景我都尽可能多说几句，不怕跑题不怕啰嗦。但愿读者能根据那些脚注去发现物理学以外的天地，去熟悉Black，Carroll，Eliot……（莎翁和弥尔顿当然不必说了），但愿作者不会怨我把他的书引向了“绝对的他乡”。

去年今天在“黑洞外”说千年的到来，那是一个千年的结束；今天才真是新千年的开始。时间长流没有开始和结束，我们对时空的遐想也不会有终结。我们不是又从时间机器走出来了吗？今天，我也借科幻电影《千年》最后那句话，让我们从“诗人的眼睛那神奇狂放的一转”，从开始走到结束：“这是一个开始的结束，而不是一个结束的开始。”[1]

1. 电影里的话其实也是借的，出自丘吉尔1942年11月10日的一个演说：“Now this is not the end. It is not even the beginning of the end.But it is perhaps，the end of beginning.”